ANNETTE DERNICK

DER PEACE-FAKTOR ©

Endlich Frieden im Büro

10 SCHRITTE FÜR FRIEDVOLLE
KOMMUNIKATION IN UNTERNEHMEN

Sorriso
VERLAG

IMPRESSUM

Lektorat: Dr. Ulrike Brandt-Schwarze
Korrektorat: Bianca Weirauch
Buchcovergestaltung, Layout und Satz: Susanne Büttner

1. Auflage 2017
Dieses Buch ist auch als E-Book erhältlich.
www.sorriso-verlag.com

Werde Teil der sorriso community:

Bildnachweis:

Autorenfoto: ©Enric Mammen
Covermotiv: fotolia, Urheber pict rider, bearbeitet von Susanne Büttner

Der PEACE-Faktor© ist ein von Annette Dernick geschaffener Begriff und Titel, unter dem weitere Publikationen geschaffen werden.

ISBN:
978-3-946287-32-2

Für
Renate & Rudolf
Raphael, Isabel, Manuel
und Mathias.

Ohne euch wäre ich heute nicht dort, wo ich bin,
herzlichen Dank dafür.

Sorriso
VERLAG

INHALT

VORWORT

Über Coaching sprechen und Coaching zu praktizieren sind in der Regel zweierlei Dinge. Doch in diesem Buch sind sie eins: Annette Dernick erzählt von den (fiktiven) Gesprächen mit ihrer Klientin Daniela auf eine Weise, die den wichtigsten Prinzipien des Coachings voll und ganz entspricht.

Denn: Wie vermittelt sie der Klientin, worauf es in der Kommunikation ankommt? Einfach, indem sie mit ihr so kommuniziert, dass sowohl Prinzipien und Regeln des Kommunizierens als auch deren theoretische Hintergründe erlebt werden – inklusive Fallen und Fettnäpfchen, die dabei übersehen werden können.

Und weil nach meiner Überzeugung Sokrates als Vater des Coachings durch Fragen, Selbstbefragung und Hinterfragen seine Schüler zur Selbsterkenntnis führte, werden in dieser Erzählung durch Fragen der Klientin immer wieder neue, weitere und tiefere Erkenntnisräume eröffnet. Und das, ohne zu moralisieren oder zu belehren.

Diese durch und durch sokratische Haltung schützt bei der Anwendung des Erkannten und Gelernten natürlich nicht vor Fehlschlägen – aber Fehler führen dazu, dass die Klientin nach dem Misslingen eines Versuchs nicht entmutigt wird und die Flinte ins Korn wirft, sondern daraus sogar zu tieferen Erkenntnissen kommt, die sie nicht gefunden hätte, wenn alles glattgegangen wäre. Im Leben läuft halt nicht alles nach Wunsch, und der Zufall spielt uns manchmal Chancen zu, die wir bei rationaler Planung erst gar nicht gesehen hätten. Und damit ist wiederum ein wichtiges Prinzip des Coachings vorgelebt worden: Das Wecken, Stimulieren, Entwickeln und Stärken der Ressourcen der Klientin, die ja in ihr vorhanden sind, aber von denen sie oft selber gar nicht weiß, dass sie diese hat. Damit nimmt nicht der Lotse dem Kapitän die Kommandogewalt über das Schiff aus der Hand, sondern unterstützt ihn vielmehr bei dessen Selbststeuerung. Und das resultiert in der Konsolidierung des gestärkten Selbstvertrauens der Klientin. Dadurch kann sie die Echowirkungen des eigenen Handelns wahrnehmen, ohne sie abzuwehren; sie kann den Einsatz unfairer Taktiken erkennen und durchschauen; kann NEIN sagen, wo sie ansonsten sich selber untreu werden könnte. Und das alles trägt schließlich zu einer Steigerung der Konfliktfähigkeit bei. All das geschieht nicht durch besserwisserisches Belehren, sondern durch Entdecken, Verstehen, Ausprobieren, Reflektieren und selbstkritisches Evaluieren durch die Klientin – angestoßen und unterstützt durch die coachende Begleiterin. Mir ist aufgefallen, dass das Buch implizit nach dem Modell eines ganzheitlichen Lernzyklus vorgeht, wie es David Kolb[1] vor dreißig Jahren entwickelt hat und das sich seither viel-vielfach bewährt hat und ausgebaut worden ist. Der Zyklus besteht als Weg aus den vier Stationen (1) Konkrete Erfahrung durch Tun – (2) Reflexion der Erfahrung – (3) Abstrakte Konzeptbildung – (4) Aktives Experimentieren – und wieder (1), (2), (3) usw. Aber Achtung: Die hier angeführten Zahlen vor den Stationen bedeuten nicht, dass ein Lernzyklus immer bei (1) mit praktischem Tun beginnen muss, dass mit (2) die gemachte Erfahrung reflektiert werden sollte, im nächsten Schritt mit (3) generalisierbare Erkenntnisse formuliert werden sollten, um mit (4) durch Ausprobieren zu neuen Erkenntnissen zu reifen. Vielmehr können Lernende je nach persönlicher Lernstil-Präferenz an jeder Stelle beginnen und den ganzen Zyklus durchwandern. Auch wenn die Autorin das Lernmodell von David Kolb nicht explizit erwähnt, so sind in der Erzählung dieses Buches doch alle vier Stationen immer wieder deutlich zu erkennen. Sie tragen dazu bei, dass die Klientin nicht bloß theoretisches Wissen erwirbt oder einfach nur praktische Tipps bekommt, sondern dass sie – angeleitet durch ihre Begleiterin – lernt zu lernen. Wenn Coaching so gestaltet wird, wie es Annette Dernick erzählt, ermöglicht es ein Lernen, das als persönlicher Entwicklungsprozess zu nachhaltigen Ergebnissen führt. Und das freut die Klientin und macht den Menschen Freude, mit denen sie kommuniziert.

Univ.-Prof. Dr. Dr. h. c. Friedrich Glasl, Salzburg im Juli 2017

PROLOG

Die Feier

Im großen Konferenzraum der IMEXIT GmbH war ein Büfett aufgebaut. Alle waren gekommen: die Dame und die beiden Herren der Geschäftsführung, deren Assistentinnen und alle Abteilungsleiter, ebenfalls mit ihren Sekretärinnen. Gespannt und gleichzeitig ein wenig nervös wartete Daniela Wagner darauf, dass es losging. Heute gab es eine Feier – nur für sie! Seit 25 Jahren arbeitete sie nun bei der Import-Export International Trading GmbH. Gleich nach ihrer Ausbildung zur Fremdsprachenkorrespondentin hatte sie bei diesem Unternehmen angefangen. Zunächst im Schreibpool, später als Sekretärin des Exportleiters, bis ihr schließlich vor mehr als zehn Jahren die Stelle als Assistentin des Geschäftsführers Personal angeboten wurde, die sie auch angenommen hatte. Ihr bisheriger Vorgesetzter, Paul Altmann, war ein halbes Jahr zuvor ausgeschieden.
Seine Nachfolgerin – und Danielas neue Chefin – heißt Ricarda Jung. Der Name passt zu ihr, sie ist gerade einmal Mitte 30. Nach einem dualen Studium hat sie recht schnell Karriere gemacht. Daniela war erstaunt, als die Geschäftsleitung beschloss, eine so junge Frau als weitere Geschäftsführerin einzustellen, sie hatte die IMEXIT immer als eher konservativ empfunden. Vielleicht lag es auch daran, dass »der Alte«, wie den Inhaber Werner Baumann alle liebevoll nannten, seinen Aufgabenbereich an seinen Sohn Marcel übergeben hatte. Daniela war noch ganz in Gedanken versunken, als Frau Jung das Wort ergriff und alle Gespräche verstummten.

»Liebe Daniela, es ist mir eine große Freude, Ihren Ehrentag zur 25-jährigen Firmenzugehörigkeit mit Ihnen zu begehen. Ich bin sehr froh, dass Sie meine Assistentin sind, und danke Ihnen für Ihre wertvolle Unterstützung, die ich jeden Tag erleben darf. In meinen

Augen sind Sie sowohl die gute Seele der Firma als auch fachlich sehr versiert. Immer wieder bin ich beeindruckt, mit welcher Herzlichkeit Sie auf die Menschen zugehen, die in Ihr Büro kommen. Gleichzeitig weiß ich, dass ich mich darauf verlassen kann, dass jeder Brief, jede Mail, jede PowerPoint-Präsentation, die durch Ihre Hände gehen, bis zum letzten i-Punkt perfekt sind ...«

Den Rest der Rede nahm Daniela nicht mehr so genau wahr. Sie konnte es kaum fassen, dass jemand sie vor allen anderen lobte und wertschätzende Worte für sie selbst und ihre Arbeit fand.

Von Anfang an hatte sie gemerkt, dass diese neue Vorgesetzte anders ist. Wenn Frau Jung morgens ins Büro kommt, hat Daniela immer den Eindruck, dass sie sich auf ihre Arbeit freut. Jeden Morgen begrüßt Frau Jung sie freundlich und nimmt sich Zeit für einen kurzen Austausch über das, was am Tag anliegt. Manchmal sagt sie dann: »Und was gibt es nun heute in unserem *Daily Scrum*?« Diesen Ausdruck kannte Daniela noch nicht, und bei ihren früheren Chefs hatte sie sich daran gewöhnt, nicht nachzufragen. Viel zu häufig bekam sie zu hören, sie sei wohl doch nicht so klug, wie man angenommen habe. Auch das ist bei Ricarda Jung anders. Daniela fühlt sich in ihrer Nähe wohl, und die Angst, die sie früher ins Büro begleitete, nimmt immer mehr ab. Noch während der Rede nahm sie sich vor, Frau Jung künftig mehr Fragen zu stellen. *Daily Scrum* hat sie zwar schon gegoogelt, aber die Übersetzung »tägliches Gedränge« hat sie nicht weitergebracht. Dahinter muss noch etwas anderes stecken.

Daniela stand da und war einfach nur glücklich. Tief innerlich spürte sie, dass dieser Tag ein Wendepunkt in ihrem Leben sein würde. Frau Jung überreichte ihr einen üppigen Strauß, und Daniela wurde vor Freude ein bisschen rot. Doch ihre Chefin hatte außer den Blumen noch einen Briefumschlag für sie. Eine Glückwunschkarte? Noch während sie sich das fragte, sagte Frau Jung: »Liebe Daniela, wir möchten Ihnen an diesem Tag eine besondere Freude bereiten. Wir sind davon überzeugt, dass Lernen und Weiterbildung uns allen guttut. Aus unseren Gesprächen weiß ich, dass Sie immer gerne zu Schulungen fahren, um sich zum Beispiel neue Programme anzueignen. Heute möchten wir Sie einladen, sich etwas ganz auf Sie Zugeschnittenes auszusuchen, eine ›Weiterbildung im weitesten Sinne‹, ein Seminar, ein Coaching, was immer Sie möchten. In diesem Umschlag finden Sie einen Gutschein über 1.500 Euro. Wenn Sie mögen, können wir uns in den nächsten Tagen gerne zusammensetzen und gemeinsam überlegen, was Ihnen am meisten Spaß machen würde. Aber jetzt stoßen wir erst einmal auf Sie an und genießen das Buffet.«

Daniela traute ihren Ohren nicht. Konnte das wahr sein? Sie durfte sich eine Weiterbildung oder ein Coaching aussuchen? Und ihre Firma bezahlte das? Ohne lange Diskussionen, Anträge und so weiter? Ihre Augen strahlten vor unbändiger Freude über diese Aussicht, als sie die Glückwünsche der anderen entgegennahm.

1. ZUSAMMENKOMMEN IST EIN BEGINN

Mit klopfenden Herzen ging Daniela auf die Tür des hübschen kleinen Hauses in der nächstgrößeren Stadt zu. Sie hatte ihre Freundin Inge um einen Tipp für einen Coach gebeten und vorab mit drei Damen und Herren telefoniert, bevor sie sich entschieden hatte. Auf dem Klingelschild stand: Luise Rosenblatt, Coach EACS. Daniela nahm ihr Herz in beide Hände und klingelte. Sie hatte zwar am Telefon schon einen guten Eindruck von Frau Rosenblatt gehabt, aber hier vor der Tür zu stehen, war doch noch etwas anderes. Sie war glücklich, weil sich ihr Traum von einem Coaching erfüllt hatte, und gleichzeitig aufgeregt, was es wohl bringen würde. Und sie hatte Bedenken, dass Frau Rosenblatt allzu persönliche Fragen stellen würde. Die Tür öffnete sich, und Daniela erkannte sie sofort wieder, schließlich hatte sie sich im Internet vorher auch schon schlaugemacht und ihr Bild gesehen.

»Kommen Sie doch rein«, sagte Frau Rosenblatt. »Ich freue mich, Sie persönlich kennenzulernen, Frau Wagner. Bitte nehmen Sie Platz.« Sie deutete auf zwei rote Ledersessel. »Was darf ich Ihnen zu trinken anbieten?«

»Gerne einen Kaffee«, antwortete Daniela. Während Frau Rosenblatt in der Küche verschwand, schaute sie sich in dem Raum um – so viele Bücher! Ob sie die alle gelesen hat?

Frau Rosenblatt kam mit dem Kaffee zurück. »Am Telefon haben wir uns ja schon ein wenig unterhalten. Sie haben mir erzählt, dass dies Ihr erstes Coaching ist. Mit welchen Erwartungen und Gefühlen sind Sie heute hergekommen?«

Daniela wurde ein bisschen rot und stammelte: »Wenn ich das so genau wüsste … Ich bin etwas aufgeregt, weil ich mich frage, was genau im Coaching so passiert. Andererseits habe ich Sie am Telefon als sehr wohlwollend empfunden, deshalb habe ich schon ein Stück weit Vertrauen zu Ihnen … Grundsätzlich geht es mir gut, und ich freue mich auch auf unsere Arbeit.«

»Ihre Aufregung kann ich gut nachvollziehen. Ich weiß noch, wie ich mich damals bei meinem ersten Coachingtermin gefühlt habe. Ich denke, wir sollten mit dem beginnen, was Sie schon am Telefon angedeutet haben. Sie haben mir erzählt, dass Sie grundsätzlich mit Ihrem Arbeitsplatz zufrieden sind und dass Sie einige positive Veränderungen feststellen, seit Sie mit Ihrer neuen Chefin zusammenarbeiten. Aber Sie haben auch erwähnt, dass es in Ihrem Arbeitsalltag Situationen gibt, die Sie als sehr spannungsreich und herausfordernd empfinden. Darüber möchte ich gleich noch genauer mit Ihnen sprechen. Aber ich schlage vor, dass wir zunächst kurz den Zufriedenheitstest machen, bevor wir genauer in die Themen einsteigen. Was meinen Sie?«

»Ja, das ist in Ordnung«, erwiderte Daniela, hatte aber gleichzeitig die Befürchtung, dass sie nun einem psychologischen Test unterzogen würde. Sie fühlte sich fast wie bei einem Arztbesuch, wenn der Arzt sie bat, sich frei zu machen.

»In diesem Test geht es darum, dass Sie erst einmal feststellen, wie zufrieden Sie sind, mit sich selbst und mit Ihrer Situation«, erklärte Frau Rosenblatt. »Das Wort Test ist vielleicht etwas missverständlich. Es geht allein um Ihr persönliches Empfinden, inwieweit Sie mit bestimmten Bereichen in Ihrem Leben zufrieden sind.«

Daniela fragte sich noch, wohin das alles führen würde, als Frau Rosenblatt ihr das Blatt reichte.

ZuFRIEDENheitstest:

Ich bin mit meinem Aussehen
zufrieden--unzufrieden
Ich bin mit meiner Figur
zufrieden--unzufrieden
Ich bin mit meinem Job
zufrieden--unzufrieden
Ich bin mit meinem Partner/meiner Partnerin
zufrieden--unzufrieden
Ich bin mit meinem Einkommen
zufrieden--unzufrieden
Ich bin mit meiner Wohnsituation
zufrieden--unzufrieden
Ich bin mit meinem Umfeld
zufrieden--unzufrieden

Daniela zögerte einen Moment, dann setzte sie die Kreuze an den für sie zutreffenden Stellen auf den Skalen. Sie überlegte kurz, ob sie sich trauen könnte, etwas zu fragen, aber das war ja einer der Gründe, warum sie hier war. Sie wollte mutiger werden und souveräner mit einzelnen Situationen im Büro umgehen. Sie hatte sich vorgenommen, ihre Fragen auch zu stellen. Und bei Frau Rosenblatt fühlte sie sich gut aufgehoben.

»Warum ist das Wort Zufriedenheit im Test so geschrieben?«, fragte sie. »Was hat Zufriedenheit mit Frieden zu tun?«

»Wenn ich zufrieden bin, dann bin ich auch im Frieden mit mir«, antwortete Frau Rosenblatt. »Ich denke, wir alle kennen Situationen, in denen wir aggressiv reagieren, obwohl wir uns doch einen friedlichen Umgang miteinander wünschen. Wenn ich mit anderen friedvoller umgehen möchte, fängt das immer bei mir an. Ich kann jederzeit dazu beitragen, indem ich auf eine flapsige Bemerkung nicht mit einem niederschmetternden Kommentar reagiere, sondern bei der Sache bleibe, um die es geht.«

Daniela schaute skeptisch. Einer der Gründe, weshalb sie sich ein Coaching gewünscht hatte, waren ihre Probleme mit Herrn Bauer, dem Vertriebsleiter. Sie fühlte sich oft von ihm eingeschüchtert und wollte erfahren, wie sie ihm Paroli bieten könnte. Sie hatte eigentlich vorgehabt, es ihm mal so richtig zu zeigen, ihm seine blöden Bemerkungen heimzuzahlen – und nun redete Frau Rosenblatt von einem friedfertigen Umgang. Klar, sie kannte den Vertriebsleiter ja auch nicht …

»Ich schlage vor, dass wir erst mal weiter in das Thema einsteigen, dann wird sich hoffentlich vieles klären«, sagte Frau Rosenblatt, die Danielas Verwirrung offensichtlich bemerkt hatte. »Und wenn nicht, dann haken Sie bitte noch einmal nach. Der Zufriedenheitstest ist eine Möglichkeit, dass wir beide am Anfang unserer gemeinsamen Arbeit einen Eindruck davon bekommen, in welchen Bereichen Sie momentan zufrieden sind und wo Sie Ihre Zufriedenheit steigern möchten. Mir geht es dabei um ein kurzes Innehalten, ein Nachdenken über wesentliche Aspekte. Der Test ist auch eine Art Ist-Aufnahme, die wir später damit vergleichen können, wie Sie sich nach einigen Sitzungen fühlen.«

Ein wenig verunsichert fühlte sich Daniela schon, doch als sie in die strahlend blauen Augen von Frau Rosenblatt schaute, spürte sie, dass diese Frau sie auf jede erdenkliche Weise unterstützen wollte.

»Frau Wagner, in unserem ersten Telefonat hatte ich Ihnen schon kurz erläutert, worum es in meinen Coachings geht. Zunächst tauschen wir uns über Situationen aus, die Sie als herausfordernd empfinden, und anschließend arbeiten wir gemeinsam Lösungsmöglichkeiten heraus. Womit wollen wir beginnen?«

»Am meisten beschäftigt mich, wie unterschiedlich die Leute mit mir reden, die zu mir ins Sekretariat kommen. Bei einigen wenigen, zum Beispiel bei meiner Chefin Frau Jung, fühle ich mich verstanden und wertgeschätzt, bei anderen, wie bei unserem Vertriebschef, werde ich einfach nur aggressiv. Wie kann das sein?«

»Lassen Sie uns einen kurzen Ausflug in das Thema ›Kommunikation‹ unternehmen. Im Coaching mache ich es am liebsten so, dass ich Ihnen als Hintergrund für Ihre Anliegen und Fragen immer auch etwas Theorie erklären werde. Damit spielen wir dann Ihre konkreten Situationen durch. Falls Sie sich über das eine oder andere Thema noch näher informieren möchten, gebe ich Ihnen gern eine Bücherliste mit. Dort finden Sie auch Hinweise auf YouTube-Videos, in denen ich die wichtigsten theoretischen Hintergründe jeweils kurz erläutere. Was halten Sie davon?«

»Das finde ich prima. Ich lese gerne und bin an neuen Sichtweisen interessiert. In meinen bisherigen Schulungen ging es um praktische Sachen wie PowerPoint oder Ähnliches. Ich finde es toll, wenn ich beim Coaching auch die Theorien kennenlerne.«

»Sehr schön«, sagte Frau Rosenblatt und lächelte. »Dann fange ich mit Kommunikationsmodellen an. Danach werden wir uns mit Kommunikationskanälen beschäftigen und anschließend zu Ihrer konkreten Kommunikation mit Ihrer Chefin und dem Vertriebsleiter kommen.«

Bei Frau Rosenblatts Vortrag fühlte sich Daniela ein bisschen wie in einem Seminar. Immer wieder kam das Flipchart zum Einsatz und Frau Rosenblatt gab ihr Blätter, damit sie es zu Hause noch einmal in Ruhe nachlesen konnte. Ihr war das ganz recht – die Seminarsituation war ihr vertraut. Gespannt studierte sie das erste Blatt.

Kommunikationsmodelle und -kanäle oder: Wann Kommunikation verletzt – und wann sie friedfertig ist

FOKUSFRAGEN zur Kommunikation:
- Welche Kommunikation macht mir Freude?
- Welche Kommunikation empfinde ich als anstrengend?

»Was bedeutet Kommunikation? Woher kommt das Wort? Im Wort Kommunikation ist das lateinische Wort *communio* enthalten, was ›Gemeinschaft‹ bedeutet, und *communicare* heißt nichts anderes als etwas ›gemeinsam machen‹. Dabei gibt es einen Sender und einen Empfänger, und jeder erzählt aus seiner eigenen Perspektive.« Frau Rosenblatt zeigte auf eine Grafik, die an der Wand hing.

Jede Person spricht aus ihrer eigenen Perspektive

Abbildung 1: Jede Person spricht aus ihrer eigenen Perspektive

»Dieses Bild verdeutlicht bestens, worum es geht«, sagte sie. »Und die Überschrift sagt es auch: Jeder spricht aus seiner eigenen Perspektive. Ich erlebe allerdings sehr häufig, dass es in ähnlichen Situationen mehr darum geht, zu klären, wer recht hat. Wer hat in der Karikatur recht? Beide, jeder aus seiner Sicht.

In unserer Kommunikation ist die Sache meist nicht so einfach. Sie ist vielschichtiger, wir sind mit unterschiedlichen Weltbildern und Erfahrungen unterwegs und kommunizieren vor diesem Hintergrund. Grundsätzlich teilen sich die 100 Prozent der Kommunikation aus meiner Sicht immer zu 50 Prozent auf jeden der Gesprächspartner auf.« Frau Rosenblatt streckte ihre Arme kreisförmig vor sich aus, sodass die Fingerspitzen sich berührten. »Das ist ›mein‹ Bereich«, sie deutete mit den Händen in das Innere des Kreises, »und direkt an dessen Grenze fängt Ihr Bereich an. Je nachdem, wie ich kommuniziere, bleibe ich in meinem eigenen Bereich, zum Beispiel durch Ich-Botschaften, mit denen ich mein eigenes Empfinden verbalisiere. Mit Du-Botschaften bin ich schnell im Bereich der anderen Person. Da wir Kommunikation ja auch immer gemeinsam gestalten, ist viel dran an dem Sprichwort ›Wie man in den Wald hineinruft, so schallt es heraus.‹ In diesem Miteinander in der Kommunikation ist alles Aktion und Reaktion, die Frage ist, wo wir den Anfang dieser Kette sehen. Und anstatt mich zu fragen, wer sie in Gang gesetzt hat – wer die ›Schuld‹ trägt –, ist es wichtiger, dass ich es anspreche, wenn mir eine Kommunikation nicht guttut, und das Gespräch notfalls zügig beende. Wann mir eine Kommunikation nicht guttut, lässt mich mein Körper recht schnell wissen. Es formiert sich Widerstand. Das kann in der Magengegend sein, um das Herz herum oder auch an anderen Stellen im Körper. Bei mir stellen sich dann häufig die sprichwörtlichen Nackenhaare auf.«

Daniela sah Herrn Bauer vor sich und presste die Lippen aufeinander. Frau Rosenblatt schaute sie an, als wollte sie sich das Okay holen, dass es für sie in Ordnung war, wenn sie fortfuhr. Daniela nickte unwillkürlich.

Das Sender-Empfänger-Modell – wie du kommst gegangen, so wirst du empfangen

»Eines der einfachsten Kommunikationsmodelle ist das Sender-Empfänger-Modell«, sagte Frau Rosenblatt und gab Daniela ein weiteres Blatt.

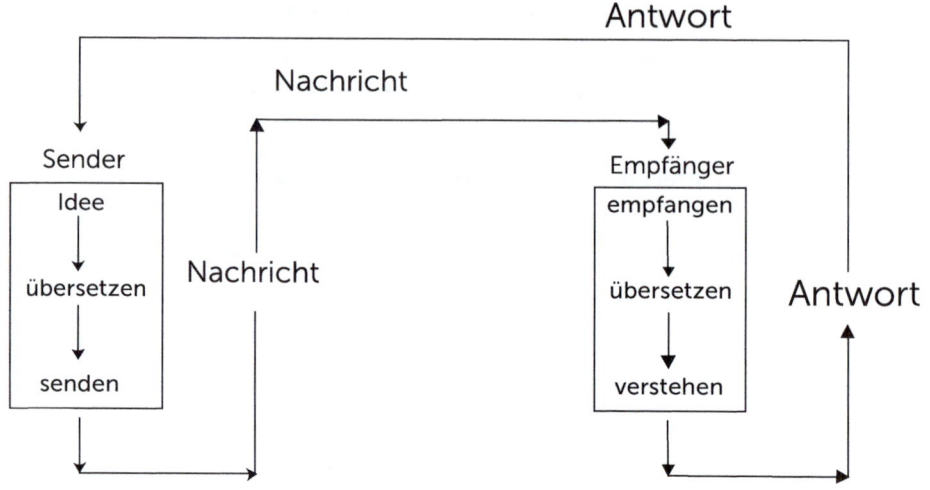

Abbildung 2: Sender-Empfänger-Modell eigene Darstellung nach Lang

»Laut diesem Modell haben wir einen Gedanken im Kopf, den wir aussprechen möchten, eine ›Nachricht‹, die wir senden wollen. Diesen Gedanken übersetzen wir in die Worte, die uns zur Verfügung stehen, und sprechen diese aus, das heißt, wir senden die Nachricht. Diese kommt beim Empfänger an, und er ›übersetzt‹ sie, er klärt automatisch ab, ob er unsere Nachricht versteht oder nicht. Je nach seiner Antwort können wir mehr – oder eben auch weniger – davon ausgehen, dass er uns verstanden hat.«

Daniela hob die Augenbrauen. Das war ihr allzu theoretisch.

»Ich will Ihnen ein kleines Beispiel geben«, sagte Frau Rosenblatt.

»Sie stehen in einer Bäckerei im Rheinland, und ein Mann kommt in den Laden und sagt: ›Ich hätte gerne einen Pfannkuchen.‹ Die Verkäuferin schaut ihn verständnislos an. Darauf sagt er: ›Ich möchte bitte einen Krapfen.‹ Sie schaut noch verdutzter, doch zum Glück sind wir in einer Bäckerei, und er kann auf das Gewünschte zeigen. ›Ach so, Sie möchten einen Berliner!‹, ruft die Verkäuferin, und nun reagiert wiederum der Mann erstaunt. Das zeigt sehr schön, wie sich einfache Missverständnisse rasch aufklären lassen.

Nur, wenn schon solch einfache Dinge Herausforderungen darstellen, wie ist es dann mit abstrakten Begriffen wie zum Beispiel Freiheit? Was mag der andere unter einem solchen Begriff verstehen? Aber ich schweife ab. Bleiben wir noch kurz beim Sender-Empfänger-Modell. Eine solche Art der Kommunikation läuft bei uns täglich zigmal ab. Oft meinen wir, wir hätten den anderen verstanden, aber das ist nicht so. In einem Lokal hätte man dem Herrn wohl einen Pfannkuchen serviert, das, was bei den Franzosen ein Crêpe ist. Eventuell hätte die Person, die die Bestellung aufnahm, noch nachgefragt, was denn auf dem ›Pfannkuchen‹ drauf sein sollte. Kennen Sie solche Situationen?«

»Ja«, entgegnete Daniela, »reichlich. Vor Kurzem hat Maike, die neue Kollegin aus Norddeutschland, in der Teeküche eine volle Kanne fallen lassen. ›Wo ist denn der Feudel?‹, fragte sie. Wir haben sie erstaunt angeschaut, bis uns klar wurde, dass sie einen Wischlappen meinte, den wir ›Aufnehmer‹ nennen. Dieser Ausdruck war Maike wiederum nicht geläufig. Ich kenne so was auch aus den verschiedensten Besprechungen. Da kommt es nach kleineren Missverständnissen manchmal zu ziemlich großen und lauten Auseinandersetzungen.«

»Genau das meine ich«, sagte Frau Rosenblatt. »Ich bitte meine Seminarteilnehmer häufig, über folgende Fragen nachzudenken:

- Wie eindeutig kommuniziere ich?
- Inwiefern vergewissere ich mich, dass das von mir Gemeinte auch so beim Empfänger ankommt?

Gelegentlich erwähne ich an dieser Stelle ein Zitat von Konrad Lorenz: ›Gedacht heißt nicht immer gesagt, gesagt heißt nicht immer richtig gehört, gehört heißt nicht immer richtig verstanden, verstanden heißt nicht immer einverstanden, einverstanden heißt nicht immer angewendet, angewendet heißt noch lange nicht beibehalten.‹ Und wie wir am Sender-Empfänger-Modell gesehen haben, ist auch dies eine gemeinsame Aufgabe, unseren Beitrag dazu zu leisten, dass unsere Nachricht beim Empfänger so ankommt, wie wir sie meinen. Das ist durch die Pfeile angedeutet, die keinen eindeutigen Start- und Endpunkt haben.«

Das Eisbergmodell der Kommunikation – nur die Spitze ist sichtbar

»Ein weiteres wichtiges Kommunikationsmodell ist das sogenannte Eisbergmodell. Der bekannte Kommunikationswissenschaftler Paul Watzlawick hat es zwar nicht so benannt, aber er hat die beiden Begriffe der Sach- und der Beziehungsebene geprägt: ›Jede Kommunikation hat einen Inhalts- und einen Beziehungsaspekt.‹[2] In Kommunikationsseminaren wird die Sach- und die Beziehungsebene häufig mit dem Eisberg dargestellt. Der über der Wasseroberfläche liegende Teil ist die Sachebene mit Fakten, Strukturen und so weiter. Der Teil unterhalb der Wasseroberfläche repräsentiert die Beziehungsebene, auf der unsere Normen, Erwartungen, Befürchtungen und so weiter abgespeichert sind.« Frau Rosenblatt malte mit ein paar Strichen eine Skizze an das Flipchart.

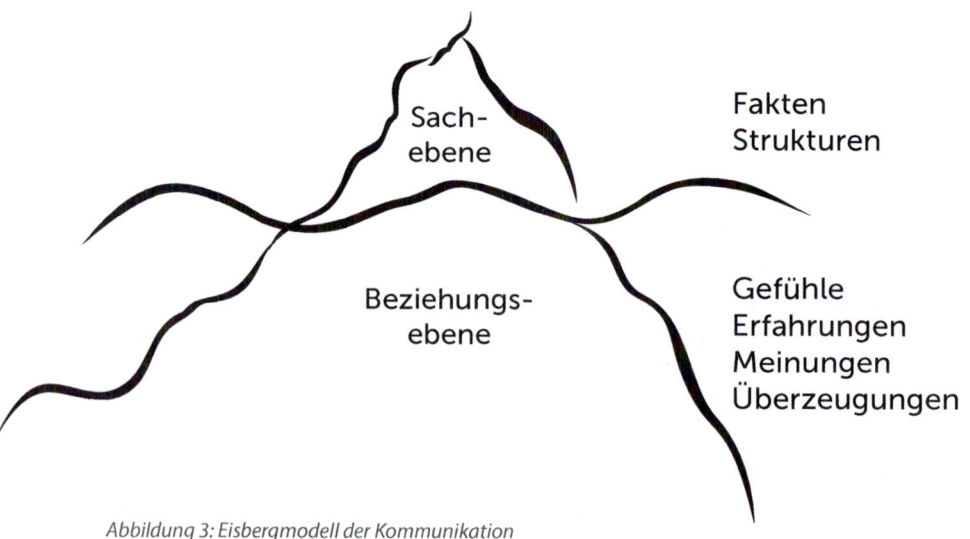

Sach-
ebene

Fakten
Strukturen

Beziehungs-
ebene

Gefühle
Erfahrungen
Meinungen
Überzeugungen

Abbildung 3: Eisbergmodell der Kommunikation

»In diesem Zusammenhang spielen auch die sogenannten Kommunikationskanäle eine wichtige Rolle«, fuhr sie fort. »Wir kommen gleich noch darauf zu sprechen. Dann wird auch klar, wie entscheidend die Art und Weise ist, in der etwas gesagt wird. Die Herausforderung in unserer Kommunikation besteht darin, dass wir die Normen, Erwartungen und Befürchtungen des Empfängers nicht kennen. An dieser Stelle greife ich immer gern auf ein Beispiel aus dem Fußball zurück. Stellen Sie sich vor, Sie kommen am Montagmorgen in ein Meeting mit Ihnen bisher unbekannten Personen und möchten ein bisschen Small Talk machen, weil Sie ja gelernt haben, dass man das tun sollte. Sie erzählen also strahlend, dass Ihre Mannschaft A – die örtliche, versteht sich – am Wochenende haushoch gegen Mannschaft Z gewonnen hat. Woher wollen Sie wissen, ob unter den Anwesenden eventuell ein Anhänger von Z ist, auch wenn diese Mannschaft räumlich weit von Ihrem Ort entfernt ist? – Den Fußballfans in meinen Seminargruppen wird rasch klar, wo das Problem mit den eigenen Normen und Vorlieben liegt und wie schnell man sich damit in die Nesseln setzen kann. Wie es zu Konflikten führen kann, wenn hier zwei Eisberge unter der Wasseroberfläche kollidieren, darauf werden wir sicherlich in einer späteren Sitzung noch zu sprechen kommen. Auch bei mir selbst stelle ich immer wieder fest«, sagte Frau Rosenblatt, »dass ich recht schnell auf die mir zur Verfügung stehenden Muster zurückgreife, wenn mir jemand etwas erzählt. Meine Reaktion fällt dann manchmal so aus, dass ich andere Personen damit vor den Kopf stoße.« Frau Rosenblatt machte eine kurze Pause. »Neulich ist eine Kollegin mit rotem Kopf in mein Büro gestürmt, und ich habe als Erstes gedacht, da hat sie sich anscheinend ziemlich über jemanden geärgert. Im weiteren Gespräch stellte sich dann aber heraus, dass *ich* die Person bin, die immer rot wird, wenn ich mich ärgere. Bei der Kollegin war es so, dass sie sehr in Eile war und die Treppen so schnell hinaufgelaufen ist, dass sie mit rotem Kopf oben ankam. Kennen Sie solche Situationen?«
Daniela nickte. Sie wusste, dass sie zum Beispiel rot wurde, wenn

jemand sie lobte und ihr das peinlich war. So hatte sie bisher auch gedacht, dass der Kollegin oder dem Kollegen etwas peinlich war, wenn er oder sie mit rotem Kopf ins Büro kam. Die Gründe dafür konnten aber offenbar völlig andere sein ...

»Wir meinen oft, dass wir rein sachlich kommunizieren«, fuhr Frau Rosenblatt fort. »Ich teste das in meinen Seminaren aus, indem ich einen Satz ausspreche, von dem ich der Meinung bin, ihn sachlich zu betonen. Anschließend frage ich, auf welcher Ebene ich diesen Satz gesendet habe. Es ist immer mindestens eine Person anwesend, die mir die Rückmeldung gibt, meinen Satz auf der Beziehungsebene empfunden zu haben. Daraus entwickelt sich häufig eine spannende Diskussion unter den Teilnehmenden. Die einen vertreten die Position, dass er rein sachlich gesendet worden war, die anderen betonen den Beziehungsaspekt. Wollen wir uns das einmal an einem konkreten Beispiel klarmachen?« Frau Rosenblatt hielt kurz inne und fragte dann: »Frau Wagner, wie spät ist es?«

»Wie ... wie meinen Sie das?«, stotterte Daniela verwirrt.

»Ich möchte bitte von Ihnen wissen, wie spät es ist«, erwiderte Frau Rosenblatt.

»Sie meinen die Uhrzeit?«

»Ja, genau.«

Immer noch ein wenig zögerlich schaute Daniela auf ihre Uhr: »Es ist Viertel nach fünf.«

»Danke. Bitte entschuldigen Sie, wenn ich Sie mit dieser Frage verwirrt habe. Mit diesem Beispiel wollte ich die unterschiedliche Kommunikation auf der Sach- und der Beziehungsebene verdeutlichen. Ich habe Sie an einer ziemlich unpassenden Stelle auf der – wie ich meine – Sachebene nach der Uhrzeit gefragt. Mein Eindruck war, dass Sie mit dieser Frage nicht gerechnet hatten. In einer rein sachlichen Kommunikation hätten Sie direkt geantwortet: ›Es ist 17:13 Uhr.‹ Es kann sein, dass meine Art, Ihnen diese Frage zu stellen, oder der Zeitpunkt, zu dem ich sie gestellt habe, bei Ihnen zur Verwirrung geführt hat, was ich gut nachvollziehen kann. Sie haben zunächst auf der Beziehungsebene reagiert und sich gefragt, was ich jetzt genau von Ihnen erwarte. Ein ganz kleines Beispiel dafür, wie eine auf der Sachebene gesendete Nachricht beim Empfänger Irritationen auf der Beziehungsebene auslösen kann. Und eine weitere Bedeutung erhält dieser Satz, wenn ich ihn anders ausspreche.« Frau Rosenblatt wiederholte die Frage in drohendem Ton. Daniela zuckte zusammen und nickte, um zu signalisieren, dass sie verstanden hatte.

»Können Sie sich vorstellen, wie viel Raum sich an dieser Stelle für Missverständnisse im Berufsleben auftut?«, fragte Frau Rosenblatt weiter.

Daniela nickte wieder. Sie dachte daran, wie sie oft zusammenzuckte, wenn Herr Bauer ins Büro stürmte und sagte: »Mann, schon wieder so spät!« Sie fühlte sich dann manchmal an ihren Vater erinnert, wenn er schimpfend von der Arbeit nach Hause kam. Im Büro fragte sie sich oft, was sie mit dieser Aussage zu tun hatte, und fühlte sich irgendwie unwohl. Nach dem, was Frau Rosenblatt sagte, war es ja möglich, dass es seine Art und Weise war, auf der Sachebene auszudrücken, dass die Zeit schon so weit fortgeschritten war. Konnte das sein? Daniela beschloss, später noch einmal genauer nachzufragen.

»Es kann sein, dass Sie auf einer unbewussten Ebene den Tonfall eines Gesprächspartners als unangenehm empfinden, weil er sie an frühere Situationen erinnert. Und deshalb fühlen Sie sich dann unwohl«, sagte Frau Rosenblatt, als hätte sie ihre Gedanken gelesen. »Haben Sie sich schon mal Gedanken über Ihre Erwartungen, Normen und Befürchtungen gemacht, über den Teil, der unterhalb der Wasseroberfläche liegt?«

Daniela schüttelte nachdenklich den Kopf.

»Meine eigenen Normen werden mir immer wieder im Kontakt mit anderen Personen klar«, fuhr Frau Rosenblatt fort. »Ich lege zum Beispiel großen Wert auf Pünktlichkeit. Ich komme zwar meist ›zeitoptimiert‹ – mein Wort für gerade rechtzeitig – zu einem Termin, aber es ist mir wichtig, dass ich nicht lange auf andere Personen warten muss, sonst werde ich ungeduldig. An dieser Stelle wird mir auch bewusst, wie verschieden Kulturen sozialisiert sind. Ich kann es zum Beispiel nur schlecht ertragen, wenn jemand unpünktlich ist. Ich denke in solchen Situationen meist an das, was ich noch in der Zeit hätte erledigen können, in der ich warte oder gewartet habe. Gelegentlich kommt es dann vor, dass mir die Person noch erzählt, warum sie zu spät gekommen ist – und wenn es dann etwas Ernstes ist, habe ich meist ein schlechtes Gewissen, dass ich so vorschnell geurteilt habe.

Aber auch an dieser Stelle bin ich meinen Normen und Werten verhaftet: Was ist etwas Ernstes? Aus meiner Sicht zum Beispiel ein Anruf einer anderen nahestehenden Person, die Unterstützung brauchte, oder auch äußere Umstände, wie ein Stau aufgrund eines Unfalls. Doch was berechtigt mich dazu, zu beurteilen, ob es einen ernsten Grund gibt oder nicht? Ich sehe das wieder durch meine Brille, ich sehe zum Beispiel eine Sechs, für die andere Person stellt es sich ganz anders dar, und sie sieht eine Neun. Seit mir das bewusst ist, nehme ich meinen aufsteigenden Ärger ganz anders wahr. Ich merke, dass ich selbst entscheiden kann, ob ich mich ärgere oder nicht.«

»Aber im Handy-Zeitalter kann die andere Person doch anrufen, wenn sie sich verspätet«, wandte Daniela ein.

»Auch das ist wieder eine subjektive Erwartung«, sagte Frau Rosenblatt. »Mir geht es an dieser Stelle nur darum, wahrzunehmen und nicht zu bewerten. Ich möchte Sie mit meinem Beispiel einladen, Dinge aus einem anderen Blickwinkel zu betrachten, und Sie noch mehr für unterschiedliche Wahrnehmungen sensibilisieren. Fragen Sie sich bitte einmal:

- Wie sieht es mit meinen Erwartungen an die Arbeitsergebnisse meiner Kolleginnen und Kollegen aus?
- Wie sehr gehe ich davon aus, dass andere sich an Zusagen halten, die sie mir gegeben haben?

- Und woher weiß ich, dass die andere Person das genauso sieht und verstanden hat wie ich?«

»Solche Dinge erkenne ich meist erst im Nachhinein«, sagte Daniela, »wenn mir eine Kollegin zum Beispiel eine Auswertung der Zahlen bringt, ich diese aber in einer anderen Form haben wollte.«

»Und damit sind wir wieder bei der Frage: ›Wer hat recht?‹ Lassen Sie uns in diesem Zusammenhang doch schon kurz auf Ihren Vertriebsleiter zu sprechen kommen. Haben Sie eine Idee, was Ihre unausgesprochene Erwartung an eine Person ist, die in ihr Sekretariat kommt?«

»Ja«, entgegnete Daniela. »Ich erwarte, dass mir jemand freundlich Guten Tag sagt und nicht gleich rumpöbelt.«

»Und was empfinden Sie als rumpöbeln?«

»Oft reißt er morgens die Tür auf, stürmt in mein Büro und schimpft: ›Mann, ist das schon wieder spät!‹ Ich zucke dann zusammen und sage nichts, während er in das Büro von Frau Jung weiterrennt.«

»Ich verstehe gut, dass Sie seine Worte, die er auch noch in einem ärgerlichen Ton von sich gibt, als unfreundlich empfinden. Für unsere weitere Arbeit ist es wichtig, zu erkennen, dass dieser Satz bei Ihnen ein unangenehmes Gefühl auslöst. In dem Moment, in dem Sie sagen, er pöbelt herum, sind Sie schon dabei, sein Verhalten zu bewerten.«

»Aber«, warf Daniela etwas aufgebracht ein, »wie würden Sie denn mit so einem Typen umgehen?«

»Im ersten Moment würde ich wahrscheinlich auch zusammenzucken, aber dann würde ich mich fragen: Was ist denn mit dem los? Und danach würde ich mir überlegen, ob ich mich durch das beeinflussen lasse, was ich auf der Beziehungsebene als aggressiv empfinde, oder ob ich meinerseits ganz freundlich ›Guten Tag, Herr Bauer‹ sage. Damit gehe ich nicht auf das ein, was mich ärgert, bin vorsichtig mit einer Bewertung seines Verhaltens und reagiere dann so, wie ich es mir von ihm gewünscht hätte.«

»Und das soll funktionieren?«

»Probieren Sie es doch in der Zeit bis zur nächsten Sitzung einmal aus, und berichten Sie mir, welche Erfahrungen Sie damit gemacht haben«, schlug Frau Rosenblatt vor.

Daniela war noch nicht ganz überzeugt, ihr ging vieles durch den Kopf. »Was beschäftigt Sie gerade?«, fragte Frau Rosenblatt.

»Manches ist mir durch das, was Sie gesagt haben, bewusst geworden. Aber ich bin froh, dass Sie mir zu den Theorieteilen noch Handouts mitgeben. Dann kann ich zu Hause ein paar Dinge ganz in Ruhe nachlesen.«

»Das kann ich gut nachvollziehen«, sagte Frau Rosenblatt. »Nach jedem Theorieteil werden wir das Besprochene auch immer praktisch auf Ihren Arbeitsalltag anwenden. Mir hat es am Anfang geholfen, auch die dahinterstehende Theorie zu kennen.«

»Wenn Sie meinen ...«, erwiderte Daniela. »Interessant ist es schon. Vielleicht wird mir später noch einiges klarer. Und Ihre Erklärungen kann ich gut nachvollziehen. Sie bringen ja immer auch kleine praktische Beispiele, deshalb ist mir das nicht zu theoretisch. Machen Sie gerne weiter, ich glaube, Sie wollten noch ein weiteres Modell erklären?«

»Nur noch die unterschiedlichen Kommunikationskanäle«, sagte Frau Rosenblatt.

Die drei Kommunikationskanäle

»Wir können nicht nicht kommunizieren.‹[3] Dieses sogenannte Erste Axiom von Paul Watzlawick bezieht sich auf die verschiedenen Kanäle, über die wir kommunizieren. Wir kommunizieren sowohl über die Sprache als auch über unsere Stimme und alle nonverbalen Signale. Unter die verbale Kommunikation fallen die Worte, die wir in unserer Kommunikation benutzen. Das Paraverbale bezieht sich auf alles, was wir mit unserer Stimme machen: laut, leise, schnell, langsam und so weiter. Und die nonverbale Kommunikation bezieht sich zum großen Teil auf unsere Körpersprache. Schon im gesprochenen Wort gibt es große Unterschiede. Je nachdem, welche Wörter wir benutzen, ziehen wir bereits Rückschlüsse zum Beispiel auf die Herkunft, Bildung und Ähnliches des Senders. Aber was fällt genau in diese drei Kommunikationskanäle? Schauen Sie sich einmal diese Abbildung an.« Frau Rosenblatt gab Daniela ein weiteres Arbeitsblatt.

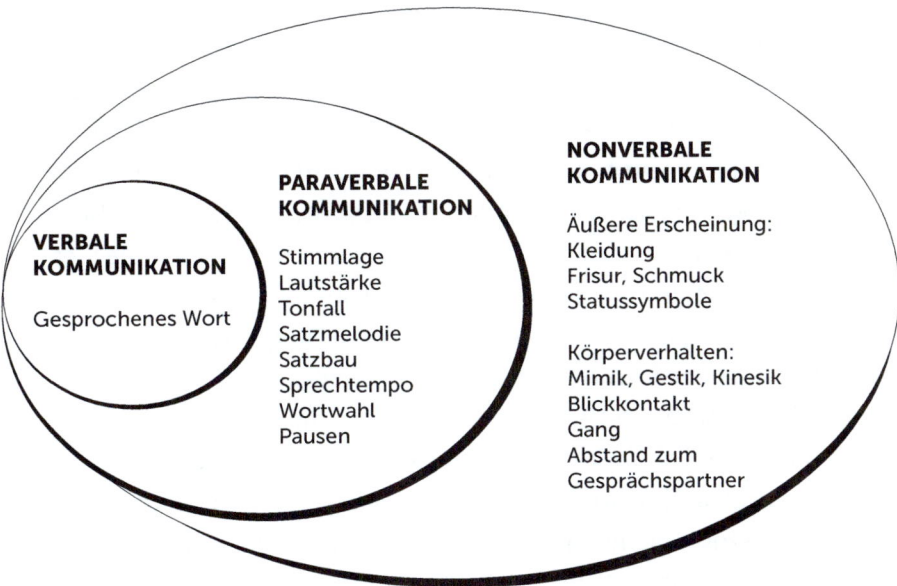

Abbildung 4: Anteil der Kommunikationskanäle an der gesamten Kommunikation

»Albert Mehrabian, ein amerikanischer Psychologe, interessierte der Zusammenhang zwischen diesen drei Kommunikationskanälen[4]«, erklärte sie. »In verschiedenen Tests ließ er unter anderem Texte mit positivem Inhalt mit trauriger Stimme vorlesen und solche mit traurigem Inhalt in freudigem Ton. Das Ergebnis war, dass sich bei den Zuhörenden in jedem Fall Verwirrung einstellte, da Worte und Klang der Stimme nicht übereinstimmten.«

»Und was sagt mir das nun für meine alltägliche Kommunikation?«, wollte Daniela wissen.

»Zunächst geht es darum, sich selbst und die Reaktionen der Gesprächspartner zu beobachten und gegebenenfalls auch zu analysieren, besonders nach Gesprächen, die nicht optimal gelaufen sind. Wenn ich beispielsweise Arbeitsaufträge erteile, mache ich regelmäßig die Erfahrung, dass es wichtig ist, Blickkontakt mit der Person oder den Personen zu halten, zu denen ich etwas sage, und mir auch die Zeit zu nehmen, eine Reaktion abzuwarten. Ansonsten kann es passieren, dass der Arbeitsauftrag nicht ernst genommen wird. Sie können den Effekt mehrdeutiger Botschaften selbst ausprobieren, Frau Wagner. Wie wirkt es auf den Empfänger, wenn Sie eine freudige Nachricht mit einem traurigen Gesicht übermitteln beziehungsweise eine traurige mit einem freundlichen Gesicht? Sie werden schnell merken, dass Ihr Körper und Ihre Mimik dieselbe Sprache sprechen sollten wie die Wörter, die Sie benutzen. Laut Mehrabian achtet das Gegenüber sogar mehr auf die begleitende Körpersprache als auf die gesprochenen Worte. Besonders schwierig sind ironische oder zynische Botschaften. Je nachdem, ob der Empfänger meine Ironie nachvollziehen kann, wird er sehr unterschiedlich auf solche Nachrichten reagieren. Mein Tipp an der Stelle: Ironie nur sehr vorsichtig benutzen. Im Arbeitszusammenhang habe ich mir angewöhnt, vollkommen darauf zu verzichten. Wenn ich eine Gruppe, mit der ich arbeite, besser kenne und wir zum Beispiel abends beim Essen zusammensitzen, kann es schon mal passieren, dass mir dann doch ein flapsiger und ironischer Satz ›herausrutscht‹. Meist melden die anderen mir dann zurück, dass sie ein bisschen irritiert sind, weil sie das von mir nicht kennen.

Es ist wichtig, dass ich mir überlege, wie ernst ich genommen werden möchte. Aufrichtige und klare Kommunikation vermittelt Zuverlässigkeit. Das schafft Vertrauen, weil meine Gesprächspartner wissen, dass ich die Dinge, die ich sage, auch so meine.«

»Ich erlebe es oft, dass jemand etwas Ironisches zu einer anderen Person sagt, und wenn diese dann irritiert schaut, hinzufügt: ›War nicht so gemeint …‹«, sagte Daniela. »Aber kann ich als Empfänger sicher sein, dass das wirklich so ist und nicht doch ein Körnchen Wahrheit enthält?«

»Genau das ist das Problem«, antwortete Frau Rosenblatt. »Und aus welchem Grund sagt jemand Sätze, die nicht so gemeint sind? Ich finde, dass wir gerade am Arbeitsplatz häufig nicht sorgsam genug mit Sprache umgehen. In ihrem Buch ›Die Macht der Sprache‹[5], das Sie auf der Literaturliste finden, schreibt Mechthild R. von Scheurl-Defersdorf ausführlich über die Feinheiten von Kommunikation.« Frau Rosenblatt reichte Daniela das Blatt mit Fokusfragen zu diesem Thema. »So viel Theorie für heute – das sind die wichtigsten Grundlagen zur Kommunikation.«

FOKUSFRAGEN zu den Kommunikationsmodellen:
- Auf welcher Ebene kommuniziere ich hauptsächlich?
- Was möchte ich daran ändern?

Daniela seufzte erleichtert. Auf der einen Seite fand sie es sehr gut, dass ihr Frau Rosenblatt alles so genau erklärte. Andererseits war sie hier, um konkrete Antworten auf ihre konkreten Fragen zu bekommen. »Ach, Frau Rosenblatt, das hört sich alles so gut an. Aber ich frage mich, warum wir nicht einfach nur fair und wohlwollend miteinander umgehen können.«

»Natürlich könnten wir das«, sagte Frau Rosenblatt. »Aber die Realität sieht noch anders aus, das erleben wir ja täglich. Deshalb ist es so wichtig, dass wir die Hintergründe von Kommunikation kennen und wissen, dass vieles auch von unserer Einstellung abhängt. Diese Modelle können uns Unterstützung und Erklärung bieten. Damit können wir mit recht einfachen Mitteln unsere Kommunikation in friedlichere Bahnen lenken. Wenn ich Ihnen dazu die theoretischen Hintergründe erläutere, so ist das nur ein Teil des Coachings. Weitaus wichtiger ist das Ziel, dass Sie sich am Arbeitsplatz zufriedener fühlen. Wir wollen Lösungsmöglichkeiten erarbeiten, die Sie bei der Arbeit souveräner machen. Dazu müssen wir die Muster kennen, die Sie im Laufe Ihres Lebens erlernt haben. Sie bestimmen zum großen Teil Ihr heutiges Verhalten.«

Daniela erschrak. »Müssen wir jetzt doch noch Details aus meiner Kindheit durchgehen? Meine Freundin Inge hat eine Psychotherapie gemacht, und sie hat mir erzählt, dass sie dort ihre ganze Kindheit durchgearbeitet haben.«

»Nein, nein«, sagte Frau Rosenblatt. »Die theoretischen Modelle geben uns eine erste Idee davon, wie Kommunikation grundsätzlich funktioniert. Durch dieses Wissen können wir die Art ändern, mit der wir auf andere reagieren. Wir können jederzeit entscheiden: Wollen wir mehr darauf hören, welche Sachinformation uns übermittelt werden soll oder inwieweit wir uns auf der Beziehungsebene angegriffen oder wertgeschätzt fühlen?« Sie nahm sich einen Schreibblock und einen Stift. »Bevor wir jetzt näher auf Ihre Kommunikation mit dem Vertriebsleiter und Ihrer Chefin eingehen, habe ich noch ein paar Fragen an Sie, ganz allgemeine, sachliche Fragen zu Ihrem Werdegang, zu Daten und Fakten aus Ihrem Lebenslauf. Diese Fragen stelle ich immer zu Beginn eines Coachings.«

Daniela lachte. »Da bin ich aber beruhigt, dass es zunächst um die Bereiche über der Wasseroberfläche geht.«

»Genauso ist es.« Frau Rosenblatt lächelte zurück. »Wie lange arbeiten Sie schon bei der IMEXIT?«

Sie stellte Daniela noch eine Reihe weiterer Fragen nach ihrem beruflichen Werdegang, wie lange sie in ihrer Position arbeitete und einiges mehr. Dazu machte sie sich Notizen.

Daniela beantwortete alles und fragte gelegentlich nach, wenn sie wissen wollte, warum Frau Rosenblatt bestimmte Punkte ansprach.

»Es ist immer gut, zu Beginn eines Coachings ausführliche Informationen zum Berufsleben des Coachee zu haben«, erklärte Frau Rosenblatt. »Empfinden Sie die Fragen als unangenehm?«

»Nein. Ich hatte nur Bedenken, dass Sie mich sehr private Dinge fragen würden. Zu den beruflichen Punkten gebe ich Ihnen gerne Auskunft. Ich kann gut nachvollziehen, dass meine Angaben das Bild für Sie abrunden. Werden Sie mich denn später noch nach persönlicheren

Informationen fragen?«

»Ja«, räumte Frau Rosenblatt ein, »das kann schon sein. Mir ist es wichtig, dass wir in den einzelnen Coachingsitzungen konkrete Lösungen für Sie erarbeiten. Es kann sein, dass ich Sie zu einem späteren Termin zum Beispiel nach der Geschwisterkonstellation bei Ihnen zu Hause fragen werde. Es gibt immer wieder Verhaltensweisen, die wir in der Kindheit erlernt haben und die unsere Persönlichkeit und unser Verhalten prägen. Wenn wir daran etwas ändern wollen, ist es wichtig, dass wir uns auch damit beschäftigen. Aber ich hoffe, dass ich Sie beruhigen kann: Ich werde Sie immer vorher fragen, ob Sie mir etwas dazu erzählen möchten. Außerdem bauen wir durch unsere Zusammenarbeit auch viel Vertrauen auf.«

Daniela sah Frau Rosenblatt direkt in die Augen. »Es stimmt, ich fühle mich bei Ihnen gut aufgehoben und spüre, dass mein Vertrauen wächst. In jedem Fall bin ich beruhigt, dass wir das alles gemeinsam erarbeiten werden.«

»Es freut mich sehr, das zu hören«, sagte Frau Rosenblatt. »Eine Frage auf der Beziehungsebene habe ich noch: Mit welchen Erwartungen sind Sie in das Coaching gekommen?«

»Ich bewundere Frau Jung und ihren souveränen und wohlwollenden Umgang auch mit so schwierigen Menschen wie Herrn Bauer. Wenn er, wie gesagt, durch mein Büro zu Frau Jung rennt, wirft er mir oft nur ein paar mürrische Worte zu. Nachdem er mit ihr gesprochen hat, ist er meist viel freundlicher. Wie kriege ich es hin, dass er sich auch bei mir anders verhält, auch wenn ich keine solche Position habe wie Frau Jung? Wie kann ich ihm mal so richtig die Meinung sagen, dass mir sein Umgang nicht passt?«

»Danke, Frau Wagner«, nahm Frau Rosenblatt den Faden auf. »Damit sind wir ja schon mitten im Thema. Was möchten Sie mir in diesem Zusammenhang noch erzählen?«

»Dieser Vertriebsleiter ist launisch und arrogant, halt so ein typischer ›Fahrradfahrer‹ – nach unten treten und nach oben buckeln. Seine schlechte Laune lässt er häufig an mir aus, bei Frau Jung traut er sich das nicht! Ich bin so froh, dass mir Frau Jung dieses Coaching ermöglicht hat. Sie können mir bestimmt sagen, wie ich mit ihm umgehen soll!«

Frau Rosenblatt sah Daniela an. »Auch wenn Sie das im Moment wohl nicht so gerne hören, ein Coaching zielt darauf ab, Möglichkeiten für Sie zu erarbeiten, wie *Sie* sich verhalten und welche Sätze *Sie* sagen wollen. Es geht nicht darum, dass ich Ihnen sage, was Sie genau machen sollen. Das ist auch ein Grund, warum wir uns über die Modelle unterhalten. Sie geben Ihnen eine grobe Orientierung und unterstützen Sie dabei, die Hintergründe zu erkennen. Anschließend erarbeiten wir gemeinsam Handlungs- und Lösungsmöglichkeiten für Sie, damit Sie sich künftig sicherer fühlen.«

Daniela seufzte leise. Das hatte sie sich doch etwas einfacher vorgestellt.

»Wenn Sie an das Eisbergmodell denken, mit wem stehen Sie auf der Beziehungsebene in positivem, mit wem in negativem Kontakt?«, fragte Frau Rosenblatt.

Die Antwort fiel Daniela nicht schwer. »Positiv mit Frau Jung, negativ mit Herrn Bauer.«

»Es kann sein, dass Sie Äußerungen des Vertriebsleiters auf der Sachebene gar nicht mehr als solche wahrnehmen, weil Ihre Erwartungen von seinem Verhalten eher negativ sind. Bei Ihrer Chefin könnte es so sein, dass Sie konkrete Arbeitsaufträge von ihr selten als lästig empfinden, weil Sie auf der Beziehungsebene gut mir ihr klarkommen.« Die Zeit der ersten Sitzung war fast um, und Frau Rosenblatt fragte: »Darf ich Ihnen so etwas wie eine Hausaufgabe bis zur nächsten Sitzung mitgeben?«

»Hausaufgaben im Coaching?« Daniela lachte, während sie sich fragte, was nun kommen und wie viel Arbeit es zusätzlich bedeuten würde.

»Ja«, fuhr Frau Rosenblatt fort. »Es ist wichtig, dass Sie in der Zeit zwischen unseren Coachingsitzungen auf einige Dinge achten, um ihre Wahrnehmung zu schärfen. So rate ich Ihnen, bei Ihren nächsten Gesprächen häufiger darauf zu achten, welche Informationen Sie mehr auf der Sach- und welche Sie mehr auf der Beziehungsebene hören. Sie erinnern sich an das Beispiel mit der Uhrzeit?«

Daniela nickte.

»Mein Vorschlag ist auch, den Vertriebsleiter einfach mit einem freundlichen ›Guten Morgen!‹ zu begrüßen, wenn er das nächste Mal zu Ihnen ins Büro kommt und Sie seine Begrüßung als unpassend empfinden. Beim nächsten Mal berichten Sie mir dann von Ihren Erfahrungen, und wir arbeiten weiter an dem Thema.«

»Wunderbar, das ist eine gute Idee«, antwortete Daniela. »Jetzt habe ich zu der Theorie aus dem Handout auch gleich eine Anregung für praktische Übungen, vielen Dank.«

Sie vereinbarten noch den Termin für die nächste Sitzung, bevor Frau Rosenblatt Daniela zur Tür begleitete, um sie zu verabschieden.

Auf dem Nachhauseweg gingen Daniela viele Dinge durch den Kopf. Sollte es wirklich so einfach sein, wie Frau Rosenblatt gesagt hatte? Andererseits war sie unschlüssig, ob sie die Theorie erleichternd oder verwirrend fand. Sie beschloss, sich zum Abschluss des Tages ein heißes Bad zu gönnen und ihrer Chefin am nächsten Tag im Büro schon einmal für das Coaching zu danken. Eventuell könnte sie Frau Jung fragen, ob sie auch alle diese Sachen lernen musste …

Als sie sich am nächsten Morgen bedankte, war der Terminkalender ihrer Chefin so prall gefüllt, dass sie keine Zeit für ein Gespräch hatte. Daniela würde warten müssen, bis sie beide mal wieder Zeit und Ruhe für ein gemeinsames Mittagessen hätten.

2. DIE MACHT DER FRAGEN

Drei Wochen später fuhr Daniela zur nächsten Sitzung in die Stadt. Nach ein paar einleitenden Sätzen fragte Frau Rosenblatt, was seit der letzten Sitzung geschehen sei.

»Sie können sich nicht vorstellen, was passiert ist! Zwei Tage nach unserem letzten Treffen ist er wieder laut schimpfend in mein Büro gestürmt. ›Guten Morgen, Herr Bauer‹, habe ich gesagt und ihn freundlich angelächelt. Diese kurze Pause reichte mir, um mich von dem Schreck zu erholen, den er durch seine Art, in mein Büro zu kommen, ausgelöst hatte. ›Was gibt's denn heute Morgen?‹, fragte ich ihn. Und, Frau Rosenblatt, Sie werden es nicht glauben, ich konnte ihn kaum bremsen, ich hatte den Eindruck, er schüttet mir sein ganzes Herz aus. Er erzählte von dem morgendlichen Stress, seine Kinder in den Kindergarten beziehungsweise die Schule zu bringen, von dem vielen Verkehr, und dass er dann schon fürs Erste bedient wäre, wenn er im Büro ankäme. Mir wurde klar, dass er mit einem Satz wie ›Mann, schon wieder so spät!‹ mehr sich selbst als mich meinte.«

»Ich finde es prima, wie Sie mit ihm ins Gespräch gekommen sind«, sagte Frau Rosenblatt. »Das ist doch schon ein erster Erfolg, oder?«

Daniela nickte. »Sie haben es intuitiv richtig gemacht, indem sie ihm eine Frage gestellt haben. Mit Fragen kann man immer schon einiges erreichen.«

»Ach ja?« Daniela war sich nicht sicher, ob Frau Rosenblatt das ernst meinte oder sich über sie lustig machen wollte. Anderseits hatte ihr

Frau Rosenblatt beim letzten Termin ausdrücklich gesagt, dass sie so gut wie nie ironisch war. »Meinen Sie das ernst?«, fragte sie dennoch.

»Ja, natürlich«, entgegnete Frau Rosenblatt. »Meistens verwenden wir Fragen, ohne uns groß darüber Gedanken zu machen, und häufig formulieren wir sie auch nicht so schön klar, wie Sie es bei Herrn Bauer getan haben. Dazu möchte ich Ihnen auch etwas erzählen. Was meinen Sie?«

»Ja, gerne«, sagte Daniela.

Fragen kostet nichts – die Auswahl der Möglichkeiten

»In meinen Seminaren habe ich oft den Eindruck, dass die Teilnehmenden denken: ›Über Fragen weiß ich doch schon alles, warum wenden wir uns jetzt diesem Thema zu?‹ Ich frage dann weiter, welche Fragearten die Anwesenden kennen, und einige nennen dann sofort offene und geschlossene Fragen.«

Daniela nickte, obwohl sie sich das Gleiche fragte wie die Leute in Frau Rosenblatts Seminaren. Worauf wollte sie hinaus?

»Wenn ich allerdings genauer nachhake, stellt sich heraus, dass die Seminarteilnehmer nicht viel über die Wirkung von Fragen wissen. Den meisten ist nicht bewusst, was man mit welcher Art zu fragen auslösen kann. In einem meiner Workshops zum Thema Projektmanagement zum Beispiel erzählte ein Teilnehmer, dass er in seinem Unternehmen immer einige Projekte durchführe.

›Ich habe aber kein direktes Projektteam. Die Informationen oder die Zuarbeit, die ich als Input brauche, muss ich mir bei meinen Kolleginnen und Kollegen beschaffen, indem ich sie um ihre Unterstützung bitte. Das mache ich immer sehr freundlich, weil ich auf gar keinen Fall aufdringlich sein will. Ich bin regelmäßig enttäuscht, weil sie meiner Bitte nicht nachkommen.‹

Ich bat ihn, eine solche Bitte einmal zu formulieren.

›Ähm, Martin‹, sagte er, ›ich bräuchte von dir mal Informationen zu unseren Vertriebszahlen im letzten Jahr. Ich müsste wissen, mit welchen Produkten wir welchen Umsatz gemacht haben. Könntest du mir da bei Gelegenheit was liefern?‹

Ich bat den Teilnehmer – nennen wir ihn Fabian –, diese Situation in einem Rollenspiel nachzuspielen – es ist immer sehr aufschlussreich, sich solche Situationen in einem Rollenspiel anzusehen. Fabian übernahm die Rolle von Martin und ein anderer Teilnehmer die Rolle von Fabian. Es war eine kurze Sequenz, in der schnell klar wurde, weshalb Martin den Input nicht zu dem Zeitpunkt lieferte, zu dem Fabian ihn benötigt hätte. Diesem wiederum wurde in seiner Rolle als Martin bewusst, dass seine Art zu fragen weder die Wichtigkeit noch die Dringlichkeit des Inputs transportierte, um den er ihn gebeten hatte.

Wir probierten einige klarere Sätze aus, doch Fabian (in der Rolle von Martin) stand weiterhin ›auf der Bremse‹. So fragte ich die beiden Männer, ob ich mich neben sie stellen und soufflieren dürfte. Nachdem der Seminarteilnehmer in der Rolle von Fabian sein Anliegen formuliert hatte, bat ich ihn, die Frage anzuschließen: ›Was schlägst du vor?‹ Das zeigte eine erstaunliche Wirkung. Fabian (in der Rolle von Martin) gab seine Blockade-Haltung auf, da er nun nicht mehr das Gefühl hatte, nur etwas liefern zu müssen, sondern aktiv in den Handlungsprozess einbezogen worden zu sein. Wir probierten es noch mit anderen offenen Fragen, wie zum Beispiel ›Bis wann kannst du mir den Input liefern?‹ – jedes Mal war die Reaktion dieselbe, Kooperation. Fabian war sehr erstaunt, welche Wirkung die offenen Fragen hatten. Interessant, nicht?«, fragte Frau Rosenblatt.

Daniela nickte. Darüber hatte sie sich noch nie Gedanken gemacht.

»Ich würde hier gern wieder ein bisschen Theorie anbringen, ist das okay für Sie?«

Daniela lächelte. »Absolut. Schon beim letzten Mal habe ich mich wie in einem Seminar gefühlt. Und ein Seminar für mich ganz allein hatte ich noch nie.«

»Gut«, sagte Frau Rosenblatt. »Fabian sollte sicherlich noch einiges an seiner Ausdrucksweise verändern und weniger Konjunktive verwenden. Aber darüber sprechen wir ein andermal. Heute möchte ich Ihnen erklären, wie man mit Fragetechniken Gespräche lenken kann.« Frau Rosenblatt reichte Daniela ein weiteres Arbeitsblatt. »Grundsätzlich werden die folgenden fünf Frageformen unterschieden:

Geschlossene Fragen erlauben nur die Antwort Ja oder Nein: ›Hast du die Zahlen schon fertig?‹

Offene Fragen zielen auf eine längere Antwort: ›Wie weit bist du mit den Zahlen?‹

Alternativfragen stellen zwei oder drei mögliche Alternativen zur Wahl: ›Kannst du mir die Zahlen morgen oder übermorgen liefern?‹

Rhetorische Fragen stelle ich zum Beispiel am Anfang einer Präsentation. Ich erwarte keine Antwort vom Publikum, sondern sie dienen dazu, eine gewisse Aufmerksamkeit zu wecken: ›Was sind für Sie wichtige Kriterien für eine gelungene Präsentation?‹

Suggestivfragen sollen dem Empfänger suggerieren, dass eine bestimmte Antwort erwartet wird: ›Sie sind sicherlich schon mit den Zahlen fertig?‹ – In einer wertschätzenden Kommunikation sollte man diese Art zu fragen aus meiner Sicht vermeiden.

Geschlossene Fragen. Diese Fragetechnik ist sehr gut geeignet, wenn man sich rasch einen Überblick verschaffen oder eine klare Antwort erhalten möchte. In meinen Seminaren stelle ich am Ende eines Themenblocks je nach der zur Verfügung stehenden Zeit ganz bewusst verschiedene Fragen. ›Haben Sie noch Fragen?‹ (geschlossen), wenn wenig Zeit bleibt, oder ›Welche Fragen haben Sie noch?‹ (offen), wenn noch ausreichend Zeit bis zur Pause oder zum Abschluss bleibt.

Offene Fragen. Sie werden auch W-Fragen genannt, weil sie mit Wer? Wie? Was? Wann? Womit? und so weiter beginnen. Allerdings sollten wir hier noch weiter differenzieren. Zum Beispiel kann man auf die

Frage ›Wer ist für die Zahlen verantwortlich?‹ ganz einfach mit ›Frau Schmitz‹ antworten, ebenso auf die Frage ›Wann wirst du mir die Zahlen liefern?‹ mit ›Morgen‹. Ich kenne das gut, wenn ich mit meinem Sohn am Mittagstisch ins Gespräch kommen möchte und sich folgender Dialog abspielt:

›Wie war es in der Schule?‹

›Gut.‹

Ich frage weiter: ›Was stand heute bei dir auf dem Plan?‹

›Nix besonderes.‹

Einen weiteren Versuch starte ich noch: ›Was für Pläne hast du für heute Nachmittag?‹

Worauf er antwortet: ›Wie üblich.‹

Ich denke, dass wir alle solche oder ähnliche Unterhaltungen kennen. Bei meinem Sohn ist es wohl so, dass er erst einmal seine Ruhe braucht und später dann schon noch mehr erzählt. Grundsätzlich mache ich gute Erfahrungen mit offenen Fragen, besonders bei Veranstaltungen. Ich beobachte immer wieder, dass sich viele Menschen schwertun, aufeinander zuzugehen, oder nicht wissen, wie sie ein Gespräch beginnen sollen.

Geeignete offene Fragen wären beispielsweise: ›Und was ist Ihr Interesse an diesem Abend/Vortrag?‹ oder ›Wie hat Ihnen der Vortrag, das Essen gefallen?‹ Zu den Punkten, die uns unser Gesprächspartner dann erzählt, können wir weitere offene Fragen stellen.

Wichtig ist aber, nicht zu privat zu werden, sondern in Richtung beruflicher Tätigkeit oder Ausrichtung nachzufragen. Dabei erfährt man oft sehr interessante Dinge über andere Berufe.

Alternativfragen. Auch hier gehen die Meinungen auseinander. Die einen sehen sie fast als unzulässig an mit der Begründung, dass sie den Gesprächspartner zu sehr einschränken. Andere wieder heben sie in ihren Trainings als besonders geeignet für Verkaufsgespräche vor, um potenziellen Kunden die Wahl zwischen zwei Möglichkeiten zu lassen.

Meiner Meinung nach sind diese Fragen sinnvoll, wenn ich in der Auswahl eingeschränkt bin, was ich anbieten kann. Wenn ich zum Beispiel einen Besucher empfange und ihm etwas zu trinken anbieten möchte, kann ich fragen: ›Was darf ich Ihnen zu trinken anbieten?‹ Wenn ich weiß, dass ich zurzeit in meinem Büro nur Wasser und Kaffee habe, dann sollte ich besser auch fragen: ›Darf ich Ihnen einen Kaffee oder ein Wasser anbieten?‹

Mit Fragetechniken ist es wie beim Fußball. Hier gibt es verschiedene Methoden der Ballannahme und -abgabe. Auf die Frage: ›Wann entscheiden Sie, welche Technik Sie anwenden?‹ antwortet ein Fußballer meist: ›Aus Erfahrung weiß ich das‹ oder ›Ich sehe, wie der Ball kommt, dann weiß ich, wie ich ihn annehmen und abgeben muss.‹ Es ist gut, verschiedene Fragemethoden zu kennen und sie zu üben, damit man nach einiger Zeit intuitiv entscheiden kann, welche Technik man anwendet. Wichtig bei alledem ist die eigene positive Grundhaltung dem Gesprächspartner gegenüber. Diese Techniken sollten nicht angewendet werden, um andere zu manipulieren.« Frau Rosenblatt hielt inne und sah Daniela an. »Wie sind Ihre Erfahrungen mit Fragen?«

»Sehr unterschiedlich«, antwortete Daniela, wobei sie sich fragte, ob Frau Rosenblatt absichtlich diese offene Frage gestellt hatte, um sie zum Erzählen zu ermutigen. So wie sie ihren Coach bisher kennengelernt hatte, ging sie fest davon aus.

»Frau Jung stellt mir häufig offene Fragen, zum Beispiel sagt sie morgens bei unserer kurzen Besprechung: ›Liebe Daniela, was steht für heute auf dem Plan?‹ Mein alter Chef war da ganz anders. Wenn der am Morgen in die Firma kam und durch mein Büro hastete, fragte er meist: ›Na, geht's gut?‹, und bevor ich noch antworten konnte, war er schon in seinem Büro verschwunden.« Daniela seufzte. »Und was **rhetorische Fragen** angeht, so kenne ich das aus den Präsentationen, die ich schon immer für meine Vorgesetzten erstellt habe. Besonders Frau Jung möchte häufig nur eine Frage auf einem PowerPoint-Chart stehen haben, worüber ich mich schon gewundert habe.«

»Oh, gut, das erinnert mich daran, dass ich die letzte Fragetechnik, die **Suggestivfrage**, noch nicht genauer erklärt habe. Suggestivfragen sollen den Empfänger in eine bestimmte Richtung lenken, der Sender suggeriert damit schon die Antwort. So Ihr früherer Chef, der nur ein Ja von Ihnen hören wollte. Meist fühlt sich der Empfänger mit einer solchen Frage manipuliert und nicht so sonderlich wohl.«

»Das stimmt, genauso war das mit Herrn Altmann. Ich hatte immer den Eindruck, dass es ihm egal war, wie es mir ging. Ihm war nur wichtig, dass ich alles zu seiner vollsten Zufriedenheit erledigt hatte … Glauben Sie, dass Frau Jung mir absichtlich solche offenen Fragen stellt?«

»Das kann schon sein. So, wie Sie sie schildern, denke ich, dass es ihre Art ist, ihr Interesse an Ihnen und Ihrer Arbeit auszudrücken«, sagte Frau Rosenblatt. »Ich würde Ihnen jetzt gerne noch drei weitere Fragetechniken vorstellen, die ich häufig anwende, besonders im Coaching. Was meinen Sie?«

Daniela fühlte sich hin- und hergerissen. Einerseits fand sie die Ausführungen von Frau Rosenblatt sehr spannend, andererseits dachte sie, dass sie mit den bereits angesprochenen Fragetechniken schon einiges hatte, worauf sie in Zukunft verstärkt achten konnte. »Wenn Sie wollen …«, entgegnete sie zögerlich. »Aber ist da auch etwas dabei, das ich an meinem Arbeitsplatz nutzen kann? Denn Coaching-Fragen brauche ich nun wirklich nicht!«

Frau Rosenblatt nickte. »Ich habe Sie so verstanden, dass Sie häufiger an Meetings teilnehmen und auch Kolleginnen und Kollegen zu Ihnen ins Büro kommen, weil sie Ihren Rat schätzen. Für diese Situationen sind diese Fragearten sehr gut geeignet«, sagte sie.

»Daran erinnern Sie sich?«, fragte Daniela erstaunt. Im Vorgespräch am Telefon hatte sie ihr erzählt, wie oft Kolleginnen und Kollegen zu ihr ins Büro kämen, um über Vorgesetzte zu schimpfen, ihr Herz auszuschütten oder auch einen Rat zu bekommen, wie sie sich in einer bestimmten Situation verhalten sollten. Meist waren ihr diese persönlichen

Mitteilungen zu viel. Sie fühlte sich dann wie eine Kummerkastentante aus den Zeitschriften-Kolumnen mit der Überschrift: ›Fragen Sie Frau Meier‹. Schon oft hatte sie sich gewünscht, mehr Unterstützung bieten zu können, doch sie hatte nicht gewusst, wie. Und so blieb sie mit einem Gefühl der Hilflosigkeit zurück, wenn die Kolleginnen ihr das Herz ausgeschüttet hatten und ein bisschen besser gelaunt ihr Büro verließen. Sie hatte dann das Gefühl, dass die anderen ihren seelischen Müll bei ihr abgeladen hatten und sie blieb darauf sitzen. Wenn sie allerdings an Vanessa, die junge Kollegin, dachte, die sie öfters um Rat fragte, wie sie mit den aufdringlichen Annäherungsversuchen ihres Chefs umgehen solle … Da wäre es schon gut, wenn sie künftig anders darauf reagieren könnte.

Fragen, die tiefer greifen

Frau Rosenblatt hatte die ganze Zeit schweigend neben ihr gesessen. »Mein Eindruck war, dass Ihnen gerade einiges durch den Kopf ging. Möchten Sie etwas dazu sagen?«

»Hm, eigentlich gerade lieber nicht. Ich habe mir inzwischen überlegt, dass mir weitere Fragearten doch helfen könnten. Ich hatte erst Zweifel, aber dann sind mir Situationen eingefallen, in denen ich das gut gebrauchen könnte. Teilweise geht es um delikate Dinge aus dem Unternehmen, und deshalb möchte ich heute noch nichts dazu sagen. Können Sie mir das auch erklären, ohne dass ich Ihnen jetzt schon Einzelheiten erzähle?«

»Ja, sicher«, erwiderte Frau Rosenblatt. »Ich finde es sehr gut, dass Sie mehr darauf achten, was Ihre innere Stimme Ihnen sagt, worüber Sie wann sprechen möchten.«

»Ach, so war das nicht ganz. Es war eher mein Versprechen, das ich der Kollegin gegeben habe, dass ich mit niemandem darüber reden würde, das mich davon abgehalten hat. Wenn ich darüber nachdenke, merke ich schon häufiger in meinem Bauch, wenn ich etwas möchte oder auch nicht. Wenn es um andere geht, dann rate ich ihnen meist, auf ihr

Bauchgefühl zu hören. Bei mir selbst bin ich da oft im Zweifel, worauf ich hören und was ich machen soll ... Aber Sie wollten mir doch noch weitere Fragetechniken erklären.«

»Das mache ich gern ... gleich. Zuerst möchte ich das aufgreifen, was Sie gerade gesagt haben. Sie fühlen sich manchmal unsicher, was die Botschaften angeht, die Sie in Ihrem Körper wahrnehmen. Es ist ein wichtiges Ziel unseres Coachings, dass Sie mehr Vertrauen in Ihre Gefühle und Intuition entwickeln. Aber ich kann auch gut verstehen, dass es Ihnen lieber ist, wenn wir uns jetzt am Anfang mehr mit Sachthemen beschäftigen, bevor wir uns dem zuwenden, was Sie innerlich bewegt.«

Daniela nickte erleichtert, fast hätte sie doch schon zu viel von sich preisgegeben – andererseits war sie doch deswegen hier, oder? Ob da ihre alte Angst hochkam, sich zu sehr zu öffnen und dann doch wieder nur enttäuscht zu werden? Sie ahnte, dass es ihr guttun würde, sich auch für diese Aspekte zu öffnen, so schwer es ihr auch fiele. Andererseits hatte Frau Rosenblatt gesagt, dass die Theorie ja auch schon helfen würde ... Sie wollte es lieber erst einmal damit probieren, bevor sie sich ihr zu sehr anvertraute. Und hier ging es ja auch nicht nur um sie selbst, sondern um Vanessa. Sie konnte sich noch gut an die Zeit erinnern, als es ihr als junges Mädchen ähnlich ergangen war ...

Frau Rosenblatt riss sie aus ihren Gedanken. »Wollen wir uns nun die anderen Fragetechniken ansehen?«, sagte sie und legte Daniela ein Arbeitsblatt hin.

Automatisch griff Daniela danach und las, was darauf stand:

Indirekte Fragen (»Ich frage mich gerade ...«) beginnen mit einer vorgeschalteten Ich-Botschaft. Sie sind einfühlsam und behutsam.

Hypothetische Fragen (»Wenn Sie die Möglichkeit hätten ...« oder »Stellen Sie sich vor ...«) sondieren Möglichkeiten.

Zirkuläre Fragen (»Wenn wir Herrn oder Frau XY fragen würden, was glauben Sie ...«) beziehen die Perspektiven anderer mit ein.

Ein wenig verunsichert schaute Daniela Frau Rosenblatt an.

»Frau Wagner, ich möchte Ihnen zunächst noch etwas mehr dazu erklären, bevor wir darüber sprechen, an welchen Stellen Sie diese Fragen einsetzen können.«

Daniela nickte erleichtert, genau darauf hatte sie gewartet.

»**Die indirekte Frage** wende ich gerne und häufig an«, sagte Frau Rosenblatt. »Besonders, wenn ich bei mir Irritation feststelle, beispielsweise wenn in einem Seminar die Gespräche mit den Nachbarn zunehmen oder der Geräuschpegel insgesamt. Manchmal spüre ich in solchen Situationen einen gewissen Ärger bei mir und frage mich innerlich: Ist das gerade langweilig, oder warum ist die Aufmerksamkeit nicht bei mir hier vorn?‹ Doch statt zu fragen: ›Was haben Sie denn da gerade so Wichtiges zu besprechen?‹, sage ich lieber: ›Ich frage mich, womit Sie gerade beschäftigt sind.‹ Häufig höre ich dann, dass die Teilnehmenden über einen Punkt nachdenken oder diskutieren, den ich kurz zuvor erwähnt hatte, oder sich dazu kleine Anekdoten erzählen. Ich stelle also fest, dass meine Vermutung, gerade etwas Langweiliges erzählt zu haben, nicht zutrifft. Für mich kann das ein Hinweis sein, dass ich zu rasch zum nächsten Thema übergegangen bin. Manchmal höre ich auch den Wunsch nach einer Pause. Mir ist es wichtig, immer in Kontakt mit meinen Gesprächspartnern oder Zuhörenden zu sein. Ich muss allerdings gestehen, dass ich gelegentlich mit meinen Gedanken und dem, was ich als Nächstes sagen oder tun möchte, so beschäftigt bin, dass ich nicht so aufmerksam zuhöre, wie ich es mir grundsätzlich wünsche. Aus meiner Sicht ist gutes und aufmerksames Zuhören eine Kunst.«

»Da haben Sie wohl recht«, sagte Daniela.

»**Hypothetische Fragen** stelle ich häufig im Coaching«, fuhr Frau Rosenblatt fort. »Oft kommen Menschen zu mir, weil sie für sich keine Lösungsmöglichkeit sehen, manche fühlen sich auch als Opfer. Wenn jemand sehr in seinen gegenwärtigen Problemen verstrickt ist, frage ich zum Beispiel: ›Wenn jetzt eine gute Fee käme, die Ihnen alle Wünsche erfüllen würde, was würden Sie sich wünschen?‹ Die Antworten sind unterschiedlich, sie reichen von ›Die gibt's doch nur in Märchen!‹ bis zu ›Das ist eine gute Frage ...‹ Letztere Antwort geben Menschen, die so sehr mit ihren Problemen beschäftigt sind, dass ihnen noch nicht einmal einfällt, was ihnen guttäte.

›Was täte Ihnen jetzt gut?‹

Auch diese Frage stelle ich häufig. Oft kommen wir über die Antwort auf diese Frage zu kleinen Schritten, was die Betroffenen als Erstes für sich tun können, um ihre Starre oder traurige Haltung zu überwinden. Manchmal gebe ich ihnen auch einen Zettel, auf dem sie alles aufschreiben können, was ihnen guttäte. Diese Liste sortieren wir dann nach Dingen, die man sofort in Angriff nehmen kann, und solchen, für die mehr Zeit benötigt wird. Leider läuft es nicht selten so ab, dass auf der Liste steht: ›Ich bräuchte Zeit für mich, zum Nachdenken‹, und der Coachee sofort sagt: ›... aber ich habe ja keine Zeit!‹ Wir erarbeiten dann gemeinsam in kleinen Schritten, wie, wo und wann er oder sie sich zumindest ein bisschen Zeit nehmen kann. Ich selbst kenne das sehr gut: Ich denke oft, ich könnte mir keine Pause gönnen, weil noch zu viel auf meinem Schreibtisch liegt, das darauf wartet, erledigt zu werden. Mittlerweile weiß ich, dass es für mich gerade in solchen Situationen am besten ist, wenn ich alles stehen und liegen lasse und eine Runde durch den Wald laufe. Genauso mache ich es, wenn ich zum Beispiel einen Workshop oder ein Seminar vorbereite. Ich gehe ganz bewusst nach draußen, weil mir beim Spaziergang an der frischen Luft meist die besten Ideen kommen. Ich merke, dass ich nach diesen Pausen viel leistungsfähiger bin als vorher. Und an den Tagen, an denen ich meine Erschöpfung einfach ignoriere, schaffe ich oft doch nicht, was ich wollte.

›Wenn ich Sie in einem Jahr wiedertreffe, wo werden Sie dann sein?‹

Auch diese hypothetische Frage stelle ich häufig. Mit diesem zeitlichen

Sprung fällt manchmal einiges leichter. Ich höre dann zum Beispiel: ›Dann sind alle meine Probleme gelöst und ich bin ...‹ Das ist immer ein gutes Zeichen, denn wir können weiterarbeiten mit dem, was jemand heute tun muss, um dieses Ziel in einem Jahr erreicht zu haben.

Und auch die **zirkuläre Frage** spielt bei meinen Coachings ein große Rolle. Ich frage zum Beispiel: ›Wenn ich Ihre Mitarbeiterin XY fragte, was würde die wohl sagen?‹ Manchmal gehe ich danach zu einem Rollenspiel über. Ich schlage dem Coachee vor, in die Rolle eines Beraters für sich selbst zu schlüpfen. Dazu bitte ich ihn, sich auf einen anderen Stuhl zu setzen oder hinter einen Tisch, in jedem Fall in eine andere Position zu gehen und nach Beendigung des Rollenspiels diese Rolle auch ganz bewusst wieder zu verlassen. Die Wirkung stellt sich meist schon während des Rollenspiels ein, weil mein Coachee merkt, dass es noch weitere Sichtweisen und Möglichkeiten gibt, die er sich eventuell nicht getraut hat zu denken oder die ihm vorher nicht eingefallen sind.«

»Vielen Dank, das war sehr interessant, Frau Rosenblatt«, sagte Daniela, »spannend und anspruchsvoll zugleich.« Sie fragte sich, was davon sie bei ihr anwenden würde … Und noch etwas anderes beschäftigte sie. »Eine Frage habe ich noch. Was sind Ich-Botschaften?« Sie zeigte auf dem Blatt an die entsprechende Stelle.

»Gut, dass Sie nachfragen. Dann werde ich die Frageform der indirekten Frage mit vorgeschalteter Ich-Botschaft einmal direkt anwenden.« Frau Rosenblatt hielt kurz inne. »Ich frage mich gerade, was Ihnen heute mehr weiterhilft – dass ich Ihnen die Ich-Botschaften erkläre oder dass wir kurz überlegen, welche der oben beschriebenen Fragetechniken Sie an welcher Stelle einsetzen können. Was meinen Sie?«

»Ah, vielen Dank, jetzt ist mir auch klar, warum dahinter ›einfühlsam und behutsam‹ steht. Und zu Ihrer Frage: Für heute war es für mich genügend Theorie-Input und ich glaube, unsere Zeit ist auch gleich um. Außerdem war mein Tag heute im Büro sehr anstrengend. Es wäre mir lieber, wenn wir beim nächsten Mal mit den Ich-Botschaften beginnen und heute nur noch kurz die Anwendungsbereiche für diese Fragen klären.«

»Das sehe ich genauso. Ich finde es immer besser, erst mal an einem Thema zu arbeiten und bestimmte Aspekte als Hausaufgabe zum nächsten Termin mitzunehmen, bevor wir mit einem neuen Thema beginnen. Ich dachte gerade an Ihren Vertriebsleiter. Wenn der das nächste Mal durch Ihr Büro hetzt, könnten Sie ihm doch eine indirekte Frage stellen, zum Beispiel: ›Ich frage mich gerade, warum Sie auf mich einen so aufgebrachten Eindruck machen.‹«

Daniela war noch nicht ganz überzeugt. Bei Frau Rosenblatt hörte sich das so einfach an. Aber sie war sich nicht sicher, ob sie diese Frage tatsächlich stellen könnte.

»Und wenn jemand zu Ihnen ins Büro kommt und einen Rat braucht, könnten Sie eine hypothetische Frage stellen: ›Wenn du dir wünschen dürftest, wie sich diese Situation entwickeln soll, was wäre das?‹«

»Okay, das werde ich in jedem Fall ausprobieren. Dann hab ich ja schon meine Hausaufgaben, oder?«, sagte Daniela lächelnd.

Frau Rosenblatt nickte. »Ja, genau das wollte ich Ihnen bis zur nächsten Sitzung nahelegen: sowohl auf die Fragen zu achten, die Sie stellen, als auch auf die, die Ihnen andere stellen.«

»Ach, Frau Rosenblatt«, seufzte Daniela, »bei Ihnen hört sich das immer alles so unkompliziert an, aber je nachdem, wie stressig es im Büro zugeht, verliere ich das komplett aus den Augen.«

»Auch das ist normal. Es dauert immer einige Zeit, bis wir uns neue Verhaltensweisen angewöhnen. Und sobald wir unter Stress stehen, fallen wir leicht in alte Verhaltensweisen zurück. Ich kenne das von mir. Wenn ich nach einem langen Flug an meinem Ziel ankomme und dort irgendwas schiefläuft, kann es mir auch passieren, dass ich laut werde anstatt Ich-Botschaften zu senden.« Daniela sah sie irritiert an. »Das kann ich mir bei Ihnen gar nicht vorstellen. Sie machen auf mich einen total ruhigen und überlegten Eindruck.«

»Das freut mich, Frau Wagner, aber auch ich kenne Situationen, die mich sehr fordern.«

»Jetzt haben Sie wiederholt Ich-Botschaften ausgesendet. Was ist das denn nun genau?«

»Kurz gesagt, dass ich sehr genau auf das achte, was in mir vor sich geht und das dann auch ausdrücke. Die ausführliche Version besprechen wir beim nächsten Termin, ist das in Ordnung für Sie?«

Daniela nickte. Die Zeit war um, und sie fühlte sich wieder sehr voll mit neuen Dingen. Der Tag im Büro war anstrengend gewesen – und gleich war sie noch mit ihrer Freundin Inge verabredet. »Ja, klar, dann bis zu unserem nächsten Termin in drei Wochen, auf Wiedersehen, Frau Rosenblatt.«

3. WIE ICH IN DEN WALD HINEINRUFE, SO SCHALLT ES HERAUS

Bei der dritten Coaching-Sitzung empfand es Daniela schon fast als lieb gewonnene Routine, nach der Arbeit zu Frau Rosenblatt zu fahren. Diesmal war sie besonders gespannt. Zum einen war noch ein Thema vom letzten Termin offengeblieben, zum anderen war sie doch wieder mit Herrn Bauer aneinandergeraten. Sie war froh, dass sie den Termin hatte, und freute sich schon auf Frau Rosenblatts Lächeln, das sie immer als wohltuend empfand.

»Hallo, Frau Wagner«, begrüßte sie Frau Rosenblatt. »Ich freue mich, Sie zu sehen.«

»Ich mich auch!«, stieß Daniela hervor. »Sie können sich nicht vorstellen, was passiert ist!«

»Nehmen Sie erst mal Platz. Möchten Sie einen Kaffee, wie immer?«

»Nein danke, heute bitte nur ein Wasser. Ich bin aufgeputscht genug!«

»Oh je, was ist denn passiert?«

»Herr Bauer, der Vertriebsleiter … gestern Morgen kam er mit Aktenordnern bepackt in mein Büro.

›Sie waren auch schon mal aufmerksamer!‹, hat er mich angefahren, gleich nachdem er die Tür aufgestoßen hatte.

›Was ist denn mit Ihnen heute Morgen los?‹, habe ich gefragt. ›Sie sind ja mal wieder total schlecht gelaunt!‹

›Ja, haben Sie denn keine Augen im Kopf? Sehen Sie nicht, wie beladen ich bin? Früher wären Sie aufgesprungen und hätten mir ein paar Ordner abgenommen. Aber so sind die Menschen, denken nur an sich selbst!‹

Ich war total aufgebracht und wusste nicht, was ich sagen sollte, da schimpfte er schon weiter: ›Und dann sind Sie noch der Meinung, dass ich schlecht gelaunt bin? Dabei werden Sie hier anscheinend fürs Rumsitzen bezahlt …!‹

Zum Glück ging in diesem Moment die Tür auf und Frau Jung kam herein. ›Bei dem, was ich schon auf dem Flur gehört habe, habe ich mich gefragt, was hier los ist‹, sagte sie ruhig.

Herr Bauer warf mir einen grimmigen Blick zu. ›Ihre Assistentin ist auch nicht mehr das, was sie mal war, aufmerksam und hilfreich, wenn jemand mit so vielen Aktenordnern beladen in ein Büro kommt.‹

Frau Jung sah ihn an. ›Auf mich machen Sie heute Morgen einen verärgerten Eindruck. Gleichzeitig frage ich mich, was Ihren Ärger ausgelöst hat.‹

Ich hatte den Eindruck, dass Herr Bauer ein bisschen herunterkochte. ›Dieser ganze Sch…‹, er benutzte wirklich das Wort, ›mit den Zahlen. Wir leben im digitalen Zeitalter, und ich muss diese ganzen alten Ordner aus dem Archiv ranschleppen, damit wir Infos über die bisherigen Umsätze bekommen. Es geht um die eventuelle Eröffnung des Büros in Taiwan. Schließlich müssen wir unserem Inhaber vernünftige Vorschläge machen, welches Personal wir da einstellen wollen und wofür. Was für ein Aufwand!‹

›Ich kann Ihren Ärger gut nachvollziehen, Herr Bauer‹, sagte Frau Jung. ›Vielen Dank, dass Sie die Aktenordner für unser Gespräch geholt haben. Gleichzeitig ist mir wichtig festzuhalten, dass Frau Wagner nichts damit zu tun hat, oder?‹

›Na ja, das stimmt‹, brummte Herr Bauer. ›Aber sie hätte mir schon helfen können, als sie gesehen hat, dass ich so beladen in ihr Büro gekommen bin.‹

›Ob das ihre Aufgabe ist oder nicht, lasse ich einmal dahingestellt‹, entgegnete Frau Jung. ›Ich erlebe sie immer als sehr hilfsbereit. Frau Wagner, was sagen Sie dazu?‹

›Ich habe nur ein lautes Poltern an der Tür gehört‹, habe ich gesagt. ›Ich hatte gerade das Telefon aufgelegt und mir noch ein paar Notizen zu dem Gespräch gemacht, als mich Herr Bauer schon angeschrien hat.‹

›Ich habe Sie gar nicht angeschrien!‹, fuhr der Vertriebsleiter auf, und ich bin sofort wieder zusammengezuckt.

›Ich kann gut verstehen, dass Frau Wagner zunächst ihre eigentliche Arbeit beendet hat‹, sagte Frau Jung. ‹Herr Bauer, können Sie sich vorstellen, dass sie nicht sofort erkannt hat, dass Sie Unterstützung brauchen?‹

Dann hat sie uns beide in ihr Büro gebeten, und wir haben über unsere Kommunikation gesprochen. Auch Frau Jung erwähnte immer wieder die Sach- und die Beziehungsebene. Herr Bauer schien das aus seinen Vertriebstrainings zu kennen, und ich war froh, dass ich mit Ihnen in unserer ersten Sitzung darüber gesprochen hatte. Deshalb bin ich mir nicht so dumm vorgekommen. Einiges konnten wir mit Frau Jung klären, aber nicht alles. Weil ich wusste, dass Frau Jung auf dem Sprung zum nächsten Termin war, habe ich gedacht, dass ich meine Frage auch heute zu Ihnen ins Coaching bringen kann. Haben Sie eine Idee, warum Herr Bauer auf mich so aggressiv reagiert und bei Frau Jung brav ist wie ein Lamm, ihr quasi aus der Hand frisst?«

Frau Rosenblatt hatte Daniela aufmerksam zugehört und sich ein paar Notizen gemacht. »Ich habe den Eindruck, dass dieses Ereignis gut zu unserem heutigen Thema passt, den Ich- und Du-Botschaften. Was halten Sie davon, wenn ich auch hier wieder kurz auf die Theorie eingehe und wir uns dann Ihre Kommunikation genauer ansehen?«

»Ja, gern«, seufzte Daniela. »Wenn ich das damit abstellen kann, dass der sich so aufführt, dann her mit diesen Ich-Botschaften!«

»Bevor wir uns den Ich-Botschaften zuwenden, möchte ich Ihnen noch ein weiteres Kommunikationsmodell erklären. Es stammt von Friedemann Schulz von Thun und ist unter den Namen ›Vier-Ohren-Modell‹ oder ›Vier Seiten einer Nachricht‹ bekannt. In diesem Modell gibt es eine Ebene, die sich auf das bezieht, was in uns vorgeht, sodass wir dann gut zu den Ich-Botschaften übergehen können.«

Daniela hatte Mühe, ihre Ungeduld zu zügeln. Zu sehr spürte sie noch den Ärger über Herrn Bauer, doch Frau Rosenblatt war schon in ihrem Element.

»In seinem Modell geht Friedemann Schulz von Thun noch etwas weiter als Paul Watzlawick. Schulz von Thun[6] beschreibt vier Seiten:

1. den **Sachinhalt** – worüber ich informiere,
2. die **Selbstoffenbarung** – was ich von mir selbst kundgebe,
3. die **Beziehung** – was ich von dir halte und wie wir zueinander stehen,
4. den **Appell** – wozu ich dich veranlassen möchte.«

Voller Interesse studierte Daniela die Grafik auf dem Arbeitsblatt, das ihr Frau Rosenblatt gegeben hatte.

Modell der vier Seiten einer Nachricht nach Schulz von Thun

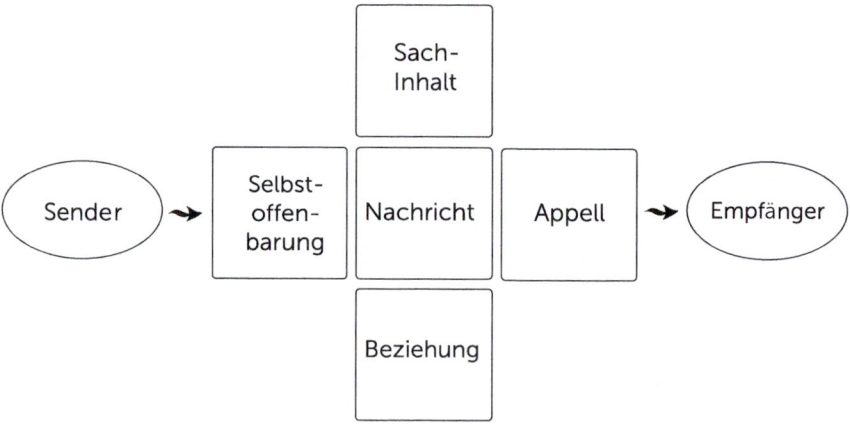

Abbildung 5: Die vier Seiten einer Nachricht nach Friedemann Schulz von Thun

»Beginnen wir mit dem **Sachinhalt**«, sagte Frau Rosenblatt. »Worüber informieren wir unser Gegenüber? Hier möchte ich Ihnen wieder ein Beispiel aus dem Unternehmensalltag geben. Eines der häufigsten Probleme in der Kommunikation besteht darin, dass ich mit bestimmten Erwartungen in ein Gespräch gehe. Ein Kollege, nennen wir ihn Herrn Anton, sagt zu seiner Kollegin Frau Berta: ›Ich bräuchte da mal die Auswertung der Quartalszahlen.‹ Schauen wir uns diese Nachricht anhand des Modells an. Auf der Sachebene sendet der Sender: ›Ich brauche die Auswertung der Quartalszahlen‹, wobei hier schon die Herausforderung besteht, dass der Sender den Konjunktiv benutzt. Wenn wir diesen Satz ganz genau nehmen, so sagt der Empfänger noch nicht einmal ›Ich brauche die Zahlen‹, sondern ›Ich bräuchte …‹ Das heißt, strenggenommen braucht er sie nicht wirklich.

An dieser Stelle höre ich oft in meinen Seminaren: ›Müssen Sie denn das so genau nehmen, der andere weiß doch, was ich meine?‹ Darauf antworte ich meist: ›Als Sie Ihr Anliegen vorgetragen haben, dass Kolleginnen und Kollegen häufig nicht das tun, worum Sie sie bitten, war mein Eindruck, dass Sie sich fragen, woran das liegt. Eine Möglichkeit ist, dass Sie den Konjunktiv benutzen. Andere Möglichkeiten sind, dass Sie es mit wenig Nachdruck äußern und Ihre Körpersprache etwas anderes sagt.‹

In meinen Seminaren führen wir dann kurze Rollenspiele durch. Der Kollege Anton übernimmt die Rolle von Kollegin Berta und ein anderer Seminarteilnehmer die Rolle von Anton. In dieser Rolle sagt er die Sätze, die Anton vorher als Beispiele dafür ausgesprochen hat, wie er andere Personen um etwas bittet. Nach diesem kurzen Rollenspiel frage ich dann Anton (in der Rolle von Berta): ›Wie hoch ist die Wahrscheinlichkeit, dass Sie als Berta die Zahlen zur Verfügung stellen werden?‹ Die Antwort lautet: ›Circa 50 Prozent.‹ Doch sehen wir uns zunächst die weiteren der vier Seiten einer Nachricht an.

Mit jedem Satz, den ich sage, sende ich auch viel von mir mit, und zwar auf allen Kommunikationskanälen. Das ist die **Selbstoffenbarung**, was ich von mir selbst kundgebe. Je nach Stimmlage teilt der Kollege Anton vielleicht mit, dass es ihm unangenehm ist, darum zu bitten – das würde auch den Konjunktiv erklären. Durch das ›ich‹ im Satz wird schon klar, dass Anton diese Zahlen gerne von der Kollegin Berta haben möchte.

Und was ist mit der **Beziehungsebene**? Was hält Anton von Berta, und wie steht er zu ihr? In diesem Fall formuliert Anton sein Anliegen recht allgemein. Er spricht die Kollegin nicht direkt an, sodass es sein kann, dass sie sich wirklich nicht angesprochen fühlt, dass sie die Zahlen liefern soll. Sie könnte auch denken, er erzähle ihr einfach irgendetwas. Je nachdem, wie klar es aus dem Arbeitszusammenhang ist, wird Kollegin Berta sich angesprochen fühlen, dass sie die Zahlen liefern soll – oder auch nicht. So kann man auf der Beziehungsebene heraushören, dass Anton Berta für kompetent hält, was die Zahlen und ihre Lieferung angeht. Und schließlich sendet Anton auf der **Appellebene**. Er möchte Berta möglichst dazu veranlassen, ihm die Zahlen zu liefern.

Laut Schulz von Thun nimmt auch der Empfänger die Nachricht auf diesen vier Ebenen auf. Das bedeutet, Berta empfängt den Satz von Anton ebenfalls auf ›vier Ohren‹:

Sachohr: Wie ist der Sachverhalt zu verstehen?

Selbstoffenbarungsohr: Was ist das für einer? Was ist mit ihm?

Beziehungsohr: Wie redet der eigentlich mit mir? Wen glaubt er, vor sich zu haben?

Appellohr: Was soll ich tun, denken, fühlen aufgrund seiner Mitteilung?

Grundsätzlich ist es schwierig, immer genau zu trennen, auf welchem Ohr wir was hören. Meist ist es eine Mischung mit Anteilen von allen vier Seiten. Ich bin in meinen Seminaren immer wieder erstaunt, wenn ich einen Satz in einem – meiner Meinung nach – neutralen, möglichst sachlichen Ton formuliere, und einige meiner Teilnehmenden diesen Satz auf einer anderen Ebene gehört haben. Wenn ich denselben Satz dann in einem anderen Tonfall noch einmal sage, wird es meist klarer.

In unserem Beispiel reagiert Berta nun auf den Satz von Anton. Wenn sie ihn auf der Sachebene gehört hat, könnte sie sagen: ›Möchten Sie die Auswertung der Quartalszahlen?‹ Auf der Selbstoffenbarungsebene kann sie fragen: ›Bis wann benötigen Sie die Zahlen?‹ Auf der Beziehungsebene könnte sie zum Beispiel antworten: ›Für Sie mache ich das gern‹, und auf der Appellebene könnte sie sagen: ›Ich mache sie Ihnen fertig!‹ Es gibt unzählige Möglichkeiten für Antworten – in meinen Seminaren bin ich immer wieder erstaunt, welche Möglichkeiten den Teilnehmenden einfallen. Aus meiner Sicht hängt sehr viel von meinem Tonfall ab und auch von der Beziehung, in der ich zum Empfänger stehe.

Abbildung 6: Beispiel zu den vier Seiten einer Nachricht

Ein häufig zitiertes Beispiel von Schulz von Thun ist die Situation, in der eine Frau Auto fährt, ihr Mann sitzt neben ihr. Er sagt zu ihr: ›Du, da vorne ist grün!‹ Auf der Beziehungsebene empfängt sie die Nachricht, sie sei eine schlechte Autofahrerin, die die Hilfe ihres Mannes braucht, weshalb sie antwortet: ›Fährst du, oder fahre ich?‹

Abbildung 7: Beispiel zu den vier Seiten einer Nachricht nach F. Schulz v. Thun

Je nachdem, was für eine gemeinsame Historie die beiden Personen miteinander haben, wird die Reaktion anders ausfallen. Als meine Kinder klein waren und anfingen, Zahlen lesen zu können, hörte ich gelegentlich von den Kindersitzen: ›Mama, hier ist 80, warum fährst du 100?‹ Ich weiß nicht, wie ich reagiert hätte, wenn mir mein Mann das gesagt hätte. Bei meinen Kindern habe ich mich gefreut, dass sie die Zahlen lesen konnten und mit aufgepasst haben und sie dafür gelobt. Wenn sie ihr Anliegen vortragen, klagen Teilnehmende in meinen Seminaren häufig darüber, wie schwierig es sei mit der Kollegin XY. ›Sie versteht immer alles falsch und legt jedes Wort auf die Goldwaage.‹ Was denken Sie, wie ist die Beziehungsebene der beiden Beteiligten?« »Nicht besonders wertschätzend vermutlich«, erwiderte Daniela nachdenklich. »Aber es ist doch kaum möglich, gegenüber einer Person, die einem mehrfach ›dumm gekommen‹ ist, bei jeder Begegnung erst wieder eine neutrale Grundhaltung einzunehmen. Wie soll das gehen?«

»Anstatt zu erwarten, dass wir diesen Menschen wieder als unkooperativ empfinden, können wir uns vornehmen, das Gespräch mit ihm oder ihr zu suchen und ein Feedback dazu abzugeben, wie wir bestimmte Aussagen aufgenommen haben«, erklärte Frau Rosenblatt.

»Ich habe damit schon die unterschiedlichsten Erfahrungen gemacht. Die Reaktionen reichten von ›Oh, vielen Dank für den Hinweis, meist bin ich so in Eile oder unter Druck, dass mir solche Formulierungen herausrutschen‹ bis ›So bin ich halt nun mal!‹. Gelegentlich spüre ich aber so viel Negativität bei meinem Gegenüber, dass ich von dieser Person Abstand halte. Doch nun zu Ihnen, Frau Wagner. Wollen wir den Satz von Herrn Bauer einmal anhand dieses Modells durchgehen, um zu erkennen, was er auf welcher Ebene sendet?«

»Wir können es ja mal versuchen, auch wenn es sich für mich recht kompliziert anhört«, erwiderte Daniela.

»Gut. Herr Bauer sendet den Satz: ›Sie waren auch schon mal aufmerksamer!‹ Was sendet er auf der Sachebene?«

»Ich habe mich inzwischen ein bisschen näher mit der Sach- und der Beziehungsebene beschäftigt«, sagte Daniela. »Und ich habe den Eindruck, dass dieser Satz rein auf der Beziehungsebene gesendet wird, kann das sein?«

»Grundsätzlich schon. Aber auch wenn Herr Bauer das in einem ärgerlichen Ton sagt, ist die Sachebene doch enthalten, nämlich die gesprochenen Worte ›Sie waren auch schon mal aufmerksamer‹.«

»Okay«, sagte Daniela gedehnt, um damit zum Ausdruck zu bringen, dass sie das noch nicht so ganz klar fand. »Und was ist mit den anderen Ebenen?«

»Auf der Selbstoffenbarungsebene wird immer ein Gefühl gesendet, das bei der sprechenden Person gerade vorherrscht. Was meinen Sie, welches Gefühl war das bei Herrn Bauer?«

»Ärger vielleicht?«

»Ich denke schon«, erwiderte Frau Rosenblatt. »Es könnte sein, dass er sich darüber geärgert hat, dass er die ganzen alten Ordner aus dem Archiv für das Gespräch mit Frau Jung in deren Büro tragen musste. Auf der Beziehungsebene ist es gut möglich, dass er Ihnen den Vorwurf gemacht hat, unaufmerksam zu sein. Und was denken Sie, welcher Appell enthalten war?«

»Dass ich ihm helfe«, antwortete Daniela.

»Genau«, sagte Frau Rosenblatt. »Das klappt ja schon hervorragend. Laut Friedemann von Schulz senden wir auf der Selbstoffenbarungsebene immer etwas von uns selbst mit. Mir ist es am Anfang recht schwergefallen, klar zu erkennen, was genau ich von mir mitsende. Meist war ich derart mit den äußeren Umständen beschäftigt, dass mir gar nicht bewusst war, was in meinem Inneren vor sich ging. Seit ich das Modell kenne, achte ich häufiger darauf. Eine weitere wichtige Übung war es für mich, für diese Gefühle auch Worte zu finden, wie Ärger, Wut, Freude, Begeisterung.«

»Und was hat das alles mit den Ich-Botschaften zu tun?«, fragte Daniela.

»Das erkläre ich Ihnen jetzt«, nahm Frau Rosenblatt den Faden auf, »wie immer zunächst anhand von Beispielen und etwas Theorie.« Sie gab Daniela wieder ein Blatt, auf dem die wichtigsten Punkte aufgeführt waren.

Ich-Botschaften

»›Wie siehst du denn heute aus?‹ – Haben Sie diesen Satz schon mal gehört, Frau Wagner? Eventuell noch mit einem entsetzten Unterton? Für mich schwingt da immer etwas mit wie ›Wo haben sie dich denn rausgezogen?‹ Das ist eine typische Du-Botschaft. Wenn jemand so etwas zu uns sagt, fühlen wir uns weniger gut. Wie anders hört sich dagegen ein Satz an wie: ›Mir scheint, dass es dir heute nicht so gut geht, kann das sein?‹ Damit habe ich eine Ich-Botschaft gesendet, mit der ich meine eigene Wahrnehmung ausdrücke.

Der Empfänger hat nun viele Möglichkeiten zu antworten, zum Beispiel

›Wie kommst du darauf?‹ Dann kann ich sagen, woran ich meinen Eindruck festmache. Falls ich die Nachfrage höre: ›Sehe ich heute so schlecht aus?‹, kann ich entgegnen: ›Nein, auf mich machst du heute nur einen anderen Eindruck als sonst.‹ Häufig folgen dann Erklärungen wie: ›Ja, bei mir ist ... los‹ oder ›Das und das ist passiert‹. Und schon sind wir im Gespräch, und ich kann Anteil nehmen oder Rat geben, je nachdem, was der Person gerade guttut.

Wenn ich sage: ›Ich habe keine E-Mail zu diesem Thema in meinem Postfach‹, klingt das anders an als: ›Sie haben mir die E-Mail nicht geschickt.‹ Wir wissen ja, wie oft E-Mails verloren gehen ... Ich merke jedenfalls, dass meine Gesprächspartner auf meine Ich-Botschaften ganz anders reagieren als früher auf meine Du-Botschaften.

Es gibt keine allgemeingültige Definition dafür, was eine ›richtige‹ Ich-Botschaft ist. In der Literatur finden sich verschiedene Meinungen. Mit Ich-Botschaften sind jedenfalls andere Sätze gemeint als: ›Ich habe Hunger‹, wobei das schon besser ist als die Frage: ›Möchtest du was essen?‹

Bei einer Du-Botschaft teile ich dem anderen mit, was ich von ihm halte und was er tun soll, bei einer Ich-Botschaft teile ich dem anderen mit, was in mir vorgeht.

›Du-Botschaften belasten die Beziehung zum Empfänger, weil er
- Schuldgefühle bekommt,
- sich kritisiert fühlt,
- die Ablehnung des anderen spürt,
- sich belehrt und bevormundet fühlt und
- spürt, dass der andere ihn ändern will‹.[7]

›Vorteile von Ich-Botschaften:
- Sie sind weniger bedrohlich und provozieren dadurch weniger Abwehr.
- Sie sind als subjektive Äußerungen gekennzeichnet, dadurch ermöglichen sie eine leichtere Verständigung.

- Sie führen zu mehr Vertrauen.
- Der Sender teilt mit, dass er einen Teil des Problems bei sich sieht.
- Der Empfänger merkt, dass ein Bedürfnis des Senders nicht erfüllt wird.
- Der Empfänger kann nachempfinden, wie wichtig das Problem für den Sender ist, er kann sich mit dem Problem identifizieren.‹[8]

Gelegentlich wird gesagt, dass zu einer vollständigen Ich-Botschaft drei Elemente gehören:

1) Beschreibung des beobachteten Verhaltens, welches zu Missstimmung führt,
2) die ausgelösten Gefühle und
3) die konkrete Wirkung des Verhaltens auf den Sender.

Ein Beispiel: ›Für unser Treffen hatte ich mir 9:00 Uhr als vereinbarte Zeit aufgeschrieben, jetzt ist es 9:20 Uhr (1) und ich bin verärgert (2), weil ich so lange auf dich warten musste (3).‹[9]

Manchmal höre ich den Satz: ›So drückt sich doch niemand aus!‹ Darauf würde ich am liebsten antworten: ›Doch, ich!‹ Das verkneife ich mir aber, da ich es wichtig finde, dass alle ihre eigenen Erfahrungen machen. Meist sage ich: ›Mein Vorschlag ist, es doch einmal auszuprobieren.‹ Nicht selten erzählen mir diese Personen später, dass sie gute Erfahrungen damit gemacht haben.«

Unsere Bedürfnisse

Frau Rosenblatt griff nach ihrem Glas und trank einen Schluck Wasser. »Zu den Vorteilen der Ich-Botschaften gehört ja, dass ›der Empfänger merkt, dass ein Bedürfnis des Senders nicht erfüllt wird‹. Dazu gehört aber auch, dass der Empfänger seine eigenen Bedürfnisse kennt. Ich würde Sie hier gerne an meinen persönlichen Erfahrungen teilhaben lassen, Frau Wagner. Ist das okay für sie?«

Daniela nickte heftig. Sie fühlte sich ein bisschen geschmeichelt, dass Frau Rosenblatt ihr noch etwas von sich erzählen wollte.

»Es hat lange gedauert, bis ich gelernt hatte, meine eigenen Bedürfnisse wahrzunehmen und diese dann auch auszudrücken«, sagte Frau Rosenblatt. »Vor ein paar Jahren habe ich zwar gespürt, dass für mich etwas nicht in Ordnung war, aber ich hatte große Schwierigkeiten damit, zu erkennen, was das genau war. Wenn ich ein Bedürfnis verspürte, dachte ich oft: ›Nein, das kannst du jetzt nicht äußern‹ oder ›So schlimm ist dein Hunger ja noch nicht‹. Ich hatte eine Stimme im Kopf, die mir zuraunte: ›Nimm dich nicht so wichtig!‹, ›Du bist nicht die Einzige, um die es hier geht!‹ Also habe ich meine Bedürfnisse verleugnet und sie zurückgenommen. Früher habe ich jemanden gefragt: ›Hast du Hunger?‹ Wenn ich ein Nein zur Antwort bekam, habe ich meinen Hunger immer weiter unterdrückt – manchmal so lange, bis mir fast der Kreislauf wegsackte. Nun können Sie sagen: ›Schön dumm!‹, aber so war ich eben erzogen. Erst später ist mir klar geworden, dass meine Bedürfnisse und Vorlieben sich sehr von denen der anderen unterscheiden und es mir nicht auf der Stirn geschrieben steht, was ich gerade brauche.

Ruth Cohn, eine bekannte Psychoanalytikerin, hat dies in ihren Postulaten schön formuliert: ›Sei dein eigener Chairman‹[10] (1. Postulat), achte auf dich und deine Bedürfnisse und erwarte nicht von den anderen, dass sie diese erkennen. Und auch hier macht der Ton die Musik, ich kann entweder sagen: ›Ich brauche sofort etwas zu essen!‹ oder ich sage: ›Mir tut es gut, wenn ich in absehbarer Zeit etwas esse.‹ Beim zweiten Satz gibt es auch noch Handlungsspielraum, und wir können verhandeln, wie wir meine Nahrungsaufnahme einplanen. Insgesamt finde ich es auch erleichternd, wenn die Person, mit der ich unterwegs bin, das ebenso sieht. Dann brauche ich nicht auf jedes Augenrollen oder heruntergezogene Mundwinkel zu achten, sondern weiß, dass mir meine Begleitung schon Bescheid geben wird, wenn sie ein Bedürfnis hat.

Auch habe ich früher geglaubt, meine Gefühle wären schlecht. Anstatt sie einfach nur wahrzunehmen, habe ich sie bewertet nach ›gut‹ oder ›schlecht‹. Da ich in meiner Kindheit häufig gehört habe: ›Stell dich nicht so an!‹, habe ich gedacht, mein Verhalten sei das einer Mimose. Und weil ich keine Mimose sein wollte, habe ich meine Gefühle meist unterdrückt. Heute schaffe ich es besser, eine Art inneren Beobachter einzusetzen, der mir sagt: ›Ja, da ist ein Hunger-Gefühl.‹ Dieses Bedürfnis äußere ich dann, und erstaunlicherweise passiert es mir jetzt viel häufiger, dass zum Beispiel in einer größeren Runde auch andere Personen sagen: ›Ja, das ist eine gute Idee, ich hab schon länger Hunger, mich aber nicht getraut, was zu sagen.‹

Früher habe ich meine Gefühle oft so lange unterdrückt, bis ich ›explodiert‹ bin, was dann natürlich zu großen Irritationen bei meinem Gegenüber sorgte. Mir war das immer sehr peinlich. Mittlerweile ist mir klar geworden, dass meine Gefühle für mich immer ›richtig‹ sind. Es fällt mir nur manchmal schwer, sie in Worte zu fassen. So passiert es mir häufiger, dass ich etwas Ungutes verspüre – bei mir fühlt sich das an wie ein Knoten im Bauch. Meine innere Stimme – inzwischen kenne ich sie recht gut – sagt mir, dass etwas nicht gut für mich ist oder dass ich besser die Finger davon lassen soll.

Manchmal sage ich: ›Mein Bauch hat Einwände.‹ Dummerweise werde ich dann gefragt, welche Einwände ich habe oder warum. Das ist das, was ich meinte, als ich eingangs sagte, dass es häufig gar nicht so einfach ist, zu sagen, was man wirklich möchte. Wenn ich sage: ›Mein Bauch hat Einwände‹, kann es passieren, dass ich gefragt werde, was ich vorschlage oder möchte – und diese Antwort fällt mir oft schwer. Manchmal weiß ich ziemlich genau, was ich nicht möchte oder was mir nicht guttut oder nicht gut für mich ist. Auszudrücken, was für mich gut ist oder wäre, finde ich deutlich schwieriger.

Jetzt können Sie sich natürlich fragen: ›Was hat das alles mit mir und meinem Arbeitsplatz zu tun?‹ Aus meiner Sicht sehr viel. Achten Sie darauf, wie es Ihnen geht, was Ihnen Ihre innere Stimme sagt? Kennen Sie es, dass Sie sich über eine Kollegin ärgern und ihr lieber aus dem Weg gehen, anstatt sie darauf anzusprechen, was bei Ihnen den Ärger auslöst? Ich habe es schon erlebt, dass Seminarteilnehmende sagten, sie würden lieber ein schlechtes schriftliches Feedback abgeben als ein ehrliches offenes. Ja, ich weiß, es ist nicht leicht! Selbst mir fällt es schwer, Personen eine konstruktive Rückmeldung zu geben, die auch unangenehme Sätze enthält. Doch wie wollen wir an unserem Verhalten etwas ändern, wenn wir nicht wissen, was die andere Person stört?

Ich-Botschaften sind hier immer eine gute Hilfe. Wir haben damit die Möglichkeit, unser ganz persönliches Empfinden auszudrücken. Auf Seminaren bekommt manchmal ein und dieselbe Person vom Publikum die Rückmeldung: ›Ich habe deine Sprache als zu schnell empfunden‹ und ›Ich habe deine Sprache als zu langsam empfunden‹. Jeder empfindet anders. Es ist wie mit der Temperatur in einem Raum: Die Einschätzung der Anwesenden reicht von zu kalt bis zu warm.

Ich möchte Sie einladen, zunächst sich selbst und Ihre eigenen Bedürfnisse wahrzunehmen, Worte für dieses komische Gefühl im Bauch – oder wo auch immer Sie es spüren – zu finden und dann diese auszusprechen. Dann können Sie mit Ihrem Gesprächspartner oder Ihrer Kollegin daran arbeiten, eine Lösung zu finden. Vielleicht klingt das alles viel zu aufwendig oder mühsam für Sie. Aber es ist wie ein Training: Wenn man mit dem Joggen anfängt, ist es sehr anstrengend, später wird es deutlich leichter. Es ist eine Sache der Übung. Grundsätzlich merke ich, dass mir das alles leichter fällt, wenn ich mich ausgeruht und ausgeschlafen fühle. Geht Ihnen das auch so?«

Daniela nickte. »Sobald Ärger oder anderer Stress auftreten, ist es vorbei mit der Leichtigkeit.«

»Wir müssen uns klarmachen, dass die anderen uns gar nicht ärgern können. Wir selbst entscheiden darüber, ob wir uns ärgern wollen oder nicht«, sagte Frau Rosenblatt. »Aber auch das erfordert einiges an Übung. Ich merke immer noch, wie schnell ich mich nach wie vor über Dinge ärgere. Zwei Dinge finde ich hilfreich: zum einen, um innere Ruhe und Harmonie zu bitten. Zum anderen das Gelassenheitsgebet: ›Gott, gib mir die Gelassenheit, Dinge hinzunehmen, die ich nicht ändern kann, den Mut, Dinge zu ändern, die ich ändern kann, und die Weisheit, das eine vom anderen zu unterscheiden.‹[11] Ich mache mir bewusst, wie viel ich mir durch irgendwelchen Ärger selbst ›vermiesen‹ lasse und wie sich meine schlechte Stimmung auch auf andere – zum Beispiel liebe Menschen in meiner Umgebung – auswirkt.«

»Das war jetzt ziemlich viel für mich«, sagte Daniela, als Frau Rosenblatt eine Pause machte. »Was mache ich also konkret, wenn Herr Bauer mich anmotzt?«

»Wenn ich es richtig im Kopf habe«, entgegnete Frau Rosenblatt. »haben Sie beim letzten Mal mit einer Du-Botschaft geantwortet: ›Was ist denn mit Ihnen heute Morgen los? Sie sind ja mal wieder total schlecht gelaunt!‹ Frau Jung hingegen hat eine Ich-Botschaft gesendet: ›Auf mich machen Sie heute Morgen einen verärgerten Eindruck. Gleichzeitig frage ich mich, was Ihren Ärger ausgelöst hat.‹«

»Ja, Frau Jung, die kann das. Mir ist schon öfter aufgefallen, dass bei ihr alle immer recht schnell friedlich werden. Nun wird mir klarer, dass sie durch diese Ich-Botschaften den Ärger der anderen Person nicht noch weiter schürt. Und hat sie nicht auch noch eine indirekte Frage gestellt?«

»Ja, richtig. Indirekte Fragen können Ich-Botschaften enthalten und wirken deshalb deeskalierend.«

»Ich glaube, ich werde demnächst noch mehr darauf achten, was Frau Jung sagt. Die hat das mit den Ich-Botschaften richtig gut raus, nur dass ich bisher nicht wusste, was dahintersteckt. Und übrigens habe ich auch mit der hypothetischen Frage schon gute Erfahrungen gemacht, erinnern Sie sich an unsere letzte Sitzung?«

»Was genau meinen Sie?«

»Sie haben beim letzten Mal gesagt, dass ich jemanden mit einer hypothetischen Frage dazu ermuntern könnte, genauer darüber nachzudenken, was ihm oder ihr guttäte. Ich weiß nicht, ob ich Ihnen schon erzählt habe, dass es immer wieder Leute gibt, die zu mir ins Büro kommen und mir ihr Herz ausschütten. Darunter ist auch eine junge Frau, die sich von ihrem Vorgesetzten belästigt fühlt. Mal schaut er ihr demonstrativ in den Ausschnitt, mal stellt er sich nah vor sie und spielt mit ihrem Schal. Die junge Kollegin sagt, dass sie jedes Mal am liebsten in Grund und Boden versinken würde. Sie würde ihm gerne ordentlich die Meinung sagen, aber weil er ihr Chef ist, traut sie sich das nicht. Gleichzeitig hat sie Angst, dass irgendjemand mal so eine Szene mitbekommt und annehmen könnte, sie hätten was miteinander. Ich habe sie gefragt, was sie sich wünscht, und ihre Antwort kam prompt: ›Er soll mich in Ruhe lassen!‹ Ich konnte ihr bisher nur den Rat geben, möglichst schnell das Weite zu suchen, wenn er sich ihr nähert, aber es gibt natürlich immer wieder Themen, die er mit ihr besprechen muss. Was kann ich ihr raten?«

»Auch hier sind Ich-Botschaften eine gute Möglichkeit«, antwortete Frau Rosenblatt. »Ihre junge Kollegin könnte dem Chef sagen: ›Ich fühle mich bedrängt, wenn Sie so dicht vor mir stehen und mit meinem Schal spielen.‹ Ergänzen könnte sie das durch eine konkrete Bitte wie zum Beispiel: ›Bitte halten Sie zu mir denselben Abstand wie auch zu Frau Meier.‹ Sie können das ihrer jungen Kollegin gerne vorschlagen. In solchen Fällen rate ich zudem, auf eine Körpersprache zu achten, die das Gesagte unterstreicht.«

Frau Rosenblatt stand auf. »Ich zeige Ihnen mal, was ich damit meine«, fuhr sie fort. »Wenn ich diesen Satz mit großer Unsicherheit in der Stimme und einer unsicheren Körperhaltung sage, werde ich weniger ernst genommen, als wenn ich durch meine Körpersprache ausdrücke, wie ernst es mir ist.« Sie hatte die Haltung eines schüchternen kleinen Mädchens eingenommen – die Stimme leise und gepresst, die Schultern hängend, die Beine überkreuzt, den Blick gesenkt, und Händen, die vor Nervosität nicht wussten, wohin. Nun richtete sie sich auf, straffte sich, sah Daniela direkt in die Augen und sagte mit fester Stimme: »Wenn ich so vor einer anderen Person stehe und Blickkontakt halte, werde ich mit dem, was ich sage, viel ernster genommen.«

»Den Unterschied zwischen diesen beiden Körperhaltungen finde ich erstaunlich«, sagte Daniela »Ich hätte nie gedacht, dass Körpersprache so viel ausmacht, und dass auch die Stimme sich mit der Körpersprache ändert. Das werde ich mir auch für unseren Vertriebsleiter merken.«

»Das ist immer gut«, sagte Frau Rosenblatt. »Haben Sie für heute noch Fragen?«

Daniela erhob sich. »Nein, keine. Wie immer gehe ich sowohl mit viel neuem Wissen als auch mit einigen neuen Erfahrungen nach Hause und bin gespannt, was von alledem ich bis zum nächsten Mal umsetzen kann. Herzlichen Dank.«

4. GELUNGENE KOMMUNIKATION BEGINNT IMMER BEI MIR SELBST

Auch zum nächsten Termin stand Daniela wieder pünktlich vor Frau Rosenblatts Tür. Jedes Mal bewunderte sie den gepflegten Vorgarten und staunte, wie er sich im Laufe der Jahreszeiten wandelte. Beim Anblick der vielen Rosen huschte ein Lächeln über Danielas Gesicht. »Nomen est omen«, dachte sie.

Seit ihrem letzten Treffen hatte sie einige Veränderungen in ihrer Kommunikation festgestellt. Sie hatte sich Frau Rosenblatts Videoclips auf YouTube mehrmals angesehen. Sie war auch die Arbeitsblätter der einzelnen Treffen durchgegangen und fragte sich, ob diese ganze Theorie für das Coaching notwendig war. Die meisten Dinge hätte sie doch auch in einem Seminar lernen können … oder?

Als sie auf den Klingelknopf drückte, nahm sie sich vor, mit dieser Frage zu beginnen. Frau Rosenblatt begrüßte sie mit einem freundlichen Lächeln. Sie ließen sich im Besprechungszimmer nieder.

Frau Rosenblatt bot ihr etwas zu trinken an und zeigte auf die rote Bluse, die Daniela trug. »Steht Ihnen gut, diese Farbe.«

Daniela lachte. »Danke, mir war heute danach«, entgegnete sie.

Coaching oder Seminar?

»Wie ist es Ihnen in der Zwischenzeit ergangen?«, fragte Frau Rosenblatt. »Gut«, antwortete Daniela. »Ich merke, wie ich meine eigene Kommunikation langsam mit anderen Augen sehe und das eine oder andere auch schon anwenden kann. Ihre Handouts und Video-Clips sind mir dabei eine große Unterstützung. Frau Rosenblatt, es gibt da eine Frage, die mich beschäftigt. Was ist der Unterschied zwischen einem Seminar und einem Coaching? Die ganze Theorie, die Sie mir hier beibringen, könnte ich doch auch in einem Seminar lernen.«

»Das stimmt«, sagte Frau Rosenblatt. »Wo sehen *Sie* den Unterschied?«

Daniela ärgerte sich ein wenig, denn sie hatte mal gehört, dass man eine Frage nicht mit einer Gegenfrage beantworten soll. Und nun tat Frau Rosenblatt, die ja die Kommunikationsexpertin war, genau das.

Als hätte Frau Rosenblatt ihre Gedanken gelesen, fuhr sie fort: »Ich weiß, dass man eine Frage nicht mit einer Gegenfrage beantworten soll, doch es ist mir wichtig, dass Sie sich einen Moment Zeit nehmen, um über die Seminare nachzudenken, die Sie schon besucht haben, und diese mit unserem Coaching vergleichen.«

»Da vergleiche ich doch Äpfel mit Birnen«, erwiderte Daniela entrüstet. »Bisher ging es um technische Fragen im Sekretariat: Wie erstelle ich eine PowerPoint-Präsentation? Wie arbeite ich mit Excel, Word oder Outlook? Wir haben die vermittelten Inhalte gleich an Ort und Stelle geübt. Und wenn wir Fragen hatten, haben wir diese gestellt, und die Referentin oder der Referent hat sie uns beantwortet. Da war nicht viel Persönliches dabei!«

»Danke«, nahm Frau Rosenblatt den Faden auf, »dann könnte es ja schon ein Unterschied sein, dass Sie im Coaching **persönlichere Fragen** stellen und individuelle Anliegen formulieren können.«

»Ja«, gab Daniela zu, »das stimmt. Und Sie gehen auch immer auf die Themen ein, die ich mitbringe.«

»Es ist ein weiteres Kennzeichnen von Coaching, dass es bei den Sitzungen immer um die Anliegen und Herausforderungen im Leben des Coachee geht, die diesen am meisten beschäftigen. Könnten Sie sich vorstellen, in einem Seminar über Ihren Vertriebsleiter und Ihre junge Kollegin zu sprechen?«

»Nein, wahrscheinlich nicht. Das hängt allerdings auch von der

Seminargruppe ab. Von meiner Kollegin hätte ich sicherlich nichts erzählt, weil ich es ihr versprochen habe.«

»Damit sind wir bei einem nächsten wichtigen Punkt, der **Vertraulichkeit**. Auch wenn ich dies in meinen Seminaren immer vereinbare, steigt mit der Anzahl von Teilnehmenden die Wahrscheinlichkeit, dass sich jemand nicht daran hält.«

»Und welche Unterschiede gibt es noch?«

»Die **Dauer der Sitzungen** und die **Abstände dazwischen**. Bitte denken Sie einmal an die Seminare, die Sie besucht haben – unabhängig von den Themen, die dort behandelt wurden. Was von dem, was vermittelt wurde, haben Sie anschließend in die Praxis umgesetzt?«

»Alles, was mir nützlich war. Aber es war auch immer Überflüssiges dabei, das ich in meinem Büroalltag nicht gebrauchen konnte. Das habe ich nach dem Seminar schnell wieder vergessen.«

»Gibt es ein konkretes Beispiel dafür, was Sie umgesetzt haben?«

»Ja, zum Beispiel die Serienbrieffunktion, die brauchte ich dringend für ein Mailing. Deshalb habe ich mich direkt am Tag nach dem Seminar hingesetzt, um die Schritte, die wir im Seminar gelernt haben, an meinem Computer nachzuvollziehen. Bei den anderen Sachen habe ich mir gesagt, dass ich die ja notfalls auch im Handout nachlesen kann, das wir bekommen haben. Insgesamt sind wir in dem Word-Seminar fast alle Registerkarten durchgegangen. Es war zwar ein Seminar extra für Assistentinnen, aber wir haben rasch gemerkt, dass sich unsere Arbeitsgebiete unterscheiden. Eine Teilnehmerin wollte zum Beispiel alles haarklein über Verzeichnisse wissen, wie man sie formatiert und so weiter. Dabei habe ich mich total gelangweilt.«

»Aus meiner Sicht haben Sie mehrere Aspekte gut beschrieben, die den Unterschied ausmachen. Meine Erfahrung mit Seminaren ist ähnlich wie Ihre. Vieles, das ich nicht gebraucht habe oder mich nicht interessierte, habe ich innerhalb kurzer Zeit wieder vergessen. Was ich jedoch in meinen Coachings gelernt habe, war immer auf mich abgestimmt und auch überschaubar, da eine Sitzung ja meist nur 60 oder 90 Minuten dauert. Danach hatte ich zwei bis drei Wochen Zeit bis zum nächsten Termin und konnte vieles erst einmal wahrnehmen und ausprobieren, bevor ich mich entschieden habe, was ich davon ein- und umsetzen wollte.«

»Das leuchtet mir ein. Diese Erfahrung habe ich nach den wenigen Sitzungen bei Ihnen auch gemacht habe.«

»Haben Sie dazu weitere Fragen?«

Daniela fiel auf, dass Frau Rosenblatt eine geschlossene Frage gestellt hatte. Wollte sie das Thema abschließen? Sie überlegte nicht lange und fragte direkt danach.

»In gewisser Weise ja«, erwiderte Frau Rosenblatt. »Ich könnte mir denken, dass Sie noch weitere Fragen oder Anliegen für heute mitgebracht haben. Ich achte immer auch auf die Zeit und möchte Ihnen die Gelegenheit geben, weitere Punkte anzusprechen.«

»Sie haben recht.« Wieder einmal fragte sich Daniela, ob Frau Rosenblatt Gedanken lesen könne. »Mir ging gerade durch den Kopf, dass ich so ein Coaching zunächst für eine ziemlich teure Angelegenheit gehalten habe. Aber wenn ich an die **Kosten** der Seminare von meinem früheren Chef oder auch von Frau Jung denke, dann ist der Stundensatz gar nicht so unterschiedlich – und was den **Lerneffekt** angeht, so ist ein Coaching wirklich viel besser. Bisher hatte ich eher Volkshochschultarife im Kopf und im Vergleich dazu fand ich das Coaching ziemlich teuer – auch wenn die Firma es bezahlt«, fügte Daniela halb entschuldigend hinzu.

Zufrieden im Flow

»Ich weiß, dass Coaching oft als Luxus betrachtet wird. Aber wenn es dazu führt, dass ein Mitarbeiter zufriedener ist oder Teams besser zusammenarbeiten, dann kann es einem Unternehmen viel Geld sparen.«

»Das verstehe ich noch nicht ganz. Und nun sind wir schon wieder bei der Zufriedenheit angelangt. Was haben die Techniken, die ich bei

Ihnen lerne, mit Zufriedenheit zu tun?«

»Welche Aufgaben bereiten Ihnen in Ihrer täglichen Arbeit am meisten Freude?«, fragte Frau Rosenblatt.

»Äh, wie meinen Sie das?«

»Welche Aufgaben machen Ihnen so richtig Spaß, so wie andere Tätigkeiten, die Sie zum Beispiel in Ihrer Freizeit ausüben?«

»Sie meinen so viel Spaß, wie ich habe, wenn ich mit meinen Freundinnen ins Kino gehe oder gemütlich auf dem Sofa sitze, ein Buch lese und einen leckeren Kakao trinke?«

»Ja, genau das meine ich. Gibt es so etwas auch in Ihrer täglichen Arbeit?«

»Ja, klar. Das sind zum Beispiel PowerPoint-Präsentationen, bei denen ich einen gewissen Spielraum habe. Wenn ich dann noch die nötige Zeit und Ruhe habe, kann es schon passieren, dass ich die Zeit vergesse, weil ich mich so in diese Arbeit vertiefe. Freude habe ich auch an einigen Telefonaten, entweder solchen mit netten Gesprächspartnern – danach geht es mir immer gut – oder solchen, bei denen ich ein kniffliges Problem für meine Chefin lösen konnte.«

»Während solcher Tätigkeiten stellt sich ein Zustand von Zufriedenheit ein. Der ungarische Forscher Mihály Csíkszentmihályi nennt das Flow[12]. Wir sind dann vollkommen in unsere Tätigkeit versunken. Wir vergessen, was um uns herum ist, und sind auch sehr produktiv. Wenn wir andererseits mit unserem Job unzufrieden sind, dann kann uns das auf Dauer krank machen.«

»Da fällt mir direkt meine Kollegin Maria ein. Sie kommt morgens meist schon schlecht gelaunt oder schimpfend in die Firma, und ich habe den Eindruck, dass sie die Stunden bis zum Feierabend zählt. Sie ist häufig krank, mal sind es Kopf-, mal Magenschmerzen, auch mit dem Rücken hat sie Probleme, und jedes Erkältungsvirus legt sie mindestens für eine Woche lahm. Aber was hat das mit dem Coaching zu tun?«

»Der Coachee kann zu einer größeren inneren Zufriedenheit kommen. Mit dem Coach erforscht der Coachee, was ihn oder sie glücklich macht oder belastet. Gemeinsam kann man dann erarbeiten, inwieweit die aktuelle Position für einen Menschen auch diejenige ist, die ihm Erfüllung bringt.«

»Erfüllung hat doch nichts mit der Arbeit zu tun, oder? Schließlich sind wir ja nicht zum Vergnügen in der Firma, irgendwie müssen wir ja unser Geld verdienen!«, wandte Daniela ein.

»Da stimme ich Ihnen grundsätzlich zu. Aber nach welchem Arbeitstag kommen Sie in besserer Stimmung nach Hause: Wenn Sie eine anspruchsvolle PowerPoint-Präsentation erstellt haben oder wenn Sie Ärger mit dem Vertriebsleiter hatten?«

»Das ist doch keine Frage, an dem Tag mit der PowerPoint-Präsentation natürlich!«, entfuhr es Daniela.

»Ja, und die Frage ist, ob es in Ihrem aktuellen Job insgesamt mehr von diesen Highlight-Tätigkeiten gibt – oder nicht. Eventuell kann ein Jobwechsel – ob innerhalb des Unternehmens oder auch hin zu einer ganz anderen Tätigkeit – einem Menschen guttun. Im Coaching arbeiten wir zunächst die Wunschvorstellungen des Coachee heraus, was ihn oder sie also zufrieden machen würde – und schauen dann, in welchen Schritten das zu realisieren ist – immer so, dass es auch zum Coachee passt. Und damit sind wir wieder an der Frage angekommen, warum ein **Einzelcoaching** sinnvoll sein kann.«

»Gibt es denn auch andere Coachingformen?«, wollte Daniela wissen.

»Ja, zum Beispiel **Gruppencoaching**. Da kommen die Teilnehmenden in einer Gruppe zusammen und besprechen diese Fragen gemeinsam.«

»Das wäre mir aber sehr peinlich«, sagte Daniela.

»Es ist eine Typ- und natürlich auch eine Kostenfrage. Der Vorteil ist, dass beim Gruppencoaching auch die anderen Teilnehmenden Tipps geben können. Unter Umständen ergibt das dann ein reicheres Bild – und ein Coach ist ja auch immer noch dabei, um das Ganze zu lenken.« Frau Rosenblatt machte eine kurze Pause. »Wenn ich also in Frieden – zufrieden – mit meinem Job und anderen Lebensbereichen bin«, fuhr sie fort, »dann strahlt das auch auf andere Bereiche aus, unter anderem meine Beziehungen. Nach meiner Erfahrung gibt es ein Zusammenspiel von innerem Empfinden und äußerem Erleben. Wenn ich beispielsweise mehr Ich-Botschaften sende anstatt Du-Botschaften, fühlt sich mein Gegenüber weniger angegriffen, er oder sie reagiert weniger aggressiv auf meine Botschaften, was sich dann auch wieder in der Wortwahl widerspiegelt. Am Anfang ist es schwer, sofort inneren Frieden zu spüren. Da ist es hilfreich, zunächst die eigene Kommunikation in kleinen Schritten zu ändern, um so auch schon im Kontakt mit anderen für eine friedvollere Kommunikation zu sorgen. Leuchtet Ihnen das ein, Frau Wagner?«

Friedvolle Kommunikation

»Hm, darüber habe ich bisher noch nicht nachgedacht. Jetzt, wo Sie das sagen, denke ich an Frau Jung und frage mich, ob das eines ihrer Geheimnisse ist, warum sie mit fast allen so gut zurechtkommt.«

»So wie Sie Ihre Chefin beschreiben, kann ich mir das schon gut vorstellen. Habe ich Ihre Frage damit beantwortet?«

»Also, ich glaube schon, jedenfalls das meiste.«

»Könnten Sie bitte das, was bei Ihnen angekommen ist, mit eigenen Worten zusammenfassen?«

»Hm, lassen Sie mich einen Moment überlegen«, bat Daniela. »… also … wenn ich mit meiner Arbeit zufrieden bin, bin ich auch innerlich friedlicher, umgekehrt ist das genauso. Insofern kann ein Coaching helfen, zu mehr innerer Zufriedenheit zu kommen. Wenn ich genauer weiß, was ich will, kann ich mir auch einen Job oder ein Arbeitsumfeld suchen, das gut zu mir passt. – Muss es denn immer ein Coaching sein?«

»Nein«, erwiderte Frau Rosenblatt. »Es gibt genügend Ratgeber, die einen auch dabei unterstützen können. Aus meiner Sicht ist der Vorteil eines Coachings, dass ich mit einer speziell dafür ausgebildeten Person auch über das sprechen kann, was mich beschäftigt. Auch das ist eine Typfrage: Die einen machen das lieber mit sich selbst aus, die anderen bevorzugen den Rat eines anderen Menschen, sei es aus dem

Freundes- oder Bekanntenkreis, oder eben einer dafür ausgebildeten Person wie einem Coach, der zugleich einen größeren Abstand hat, weil er nicht täglich mit dem Coachee zusammenarbeitet. – Ist Ihnen darüber hinaus noch mehr klar geworden?«

»Ja«, antwortete Daniela »die Kommunikationsmodelle, -kanäle und -techniken können mich im Alltag dabei unterstützen, dass ich von mir aus friedvoller kommuniziere. Gemäß dem Sprichwort ›Wie man in den Wald hineinruft, so schallt es heraus‹ kann ich durch eine entsprechende Kommunikation selbst schon einen ersten Schritt tun. Wenn ich Herrn Bauer mit einer Ich-Botschaft mitteile, was gerade in mir vorgeht, ist die Chance höher, dass er nicht so wütend wird, als wenn ich ihn mit einer Du-Botschaft angreife. Ist das so richtig?«

»Wunderbar, Frau Wagner, es freut mich, wie viel Sie von dem, was wir bisher bearbeitet haben, schon verinnerlicht haben.«

»Mich auch, wobei ich unsere Sitzung heute schon fast etwas philosophisch empfunden habe. Haben Sie zum Abschluss noch etwas Handfestes für mich?«

»Natürlich, und zwar etwas, das gut zu unserem letzten Punkt passt«, sagte Frau Rosenblatt lächelnd. »Man kann grundsätzlich einige Kommunikationstechniken unterscheiden, wie zum Beispiel die Fragen, Ich-Botschaften und auch das aktive Zuhören und Paraphrasieren. Beginnen wir mit dem aktiven Zuhören.

Aktives Zuhören

Wenn ich einkaufen gehe – und das fällt mir besonders dann auf, wenn ich ein technisches Gerät erwerben möchte – habe ich häufig den Eindruck, dass die Verkäufer erzählen und erzählen und erzählen. Sie legen mir alle Vorteile des Produkts bis ins Einzelne dar. Ich frage mich dann immer, ob sie das von sich aus tun oder in Trainings so gelernt haben. Meist komme ich mit einer bestimmten Frage in einen Laden, zum Beispiel: ›Welches ist Ihr leichtester Laptop?‹ Oft ernte ich dann erst einmal Erstaunen.

›Das kann ich Ihnen so nicht sagen, da müsste ich bei jedem Gerät einzeln nachschauen. Was suchen Sie denn?‹

›Einen möglichst leichten Laptop.‹

›Ja, wie viel Arbeitsspeicher soll er denn haben, welche Grafikkarte, was darf er kosten?‹

‚Mein Hauptkriterium ist das Gewicht.'

Und dann geht es los. Ich erhalte viele Informationen bezüglich Arbeitsspeicher und so weiter und worin sich die Geräte noch unterscheiden, aber so gut wie nie eine Aussage zum Gewicht. Es folgen Erklärungen, was warum wichtig ist und so weiter. Ich bin den Verkäufern dankbar, dass sie mich auch auf diese Punkte hinweisen, doch möchte ich auch eine Antwort auf die Frage bekommen, die für mich so wichtig ist. Einmal habe ich nach 15 Minuten einen Handyladen verlassen, weil der Verkäufer die ganze Zeit redete, mir in meiner Wahrnehmung aber gar nicht zugehört hatte. Schon länger bin ich der Meinung, dass ein Verkäufer drei Dinge tun sollte: zuhören, zuhören und zuhören. Wenn jemand gut zugehört hat, müsste er als guter Verkäufer wissen, was sein potenzieller Kunde möchte, und ihm entweder ein Angebot machen können oder ihm sagen, dass er ihm das Gewünschte nicht liefern oder verkaufen kann. Hier kann er dann nachfragen, ob er ihm jemanden nennen soll, der ihm das liefern kann. Mit aktivem Zuhören ist aber noch mehr gemeint. Dabei gehen auch hier die Meinungen in der Literatur auseinander. Einige verstehen darunter, dass jemand ab und zu nickt oder ein ›ja‹ oder ein positives ›ah ja‹ von sich gibt.

Für mich ist das aktive Zuhören eine Technik, die bei den vier Seiten einer Nachricht ansetzt. Wie wir schon besprochen haben, hat jede Nachricht vier Ebenen. Eine davon ist die Selbstoffenbarungsebene. Auch wenn wir nichts sagen, kommunizieren wir. Diese nonverbale Kommunikation ist oft schwer zu deuten. Wenn unser Gesprächspartner die Arme vor der Brust verschränkt hat, kann das sowohl Ablehnung bedeuten als auch, dass ihm oder ihr kalt ist. In solchen Fällen wende ich indirekte Fragen an, um Klarheit zu gewinnen: ›Ich frage mich gerade, ob Ihnen kalt ist?‹ Meist erhalte ich dann eine genauere Erklärung zur Körperhaltung, manchmal wird diese auch einfach geändert.

Aktives Zuhören nimmt Botschaften auf, die in Sätzen mitschwingen. Es bezieht sich darauf, was der Sender auf seiner Selbstoffenbarungsebene mitsendet. Wenn mir eine Kollegin erzählt: ›Ich arbeite seit über zwei Wochen an diesem Bericht, und jetzt sagt mir Frau Müller, dass das Projekt abgeblasen wurde‹, dann höre ich in diesem Satz Enttäuschung, Ärger.

Nun habe ich als Empfänger mehrere Möglichkeiten zu reagieren. Ich könnte antworten: ›So eine Frechheit!‹, doch dann würden wir beide schlecht über Frau Müller reden, ohne zu wissen, welche Gründe sie dafür hatte, das Projekt zu stoppen. Wenn ich aktiv zuhöre, dann antworte ich: ›Sie haben da viel Energie und Zeit reingesteckt, und jetzt wird alles abgeblasen?‹ Damit bleibe ich auf der Selbstoffenbarungsebene des Senders und zeige ihm oder ihr durch meine Antwort, dass ich die Enttäuschung und den Ärger gut nachvollziehen kann, ohne dass ich dies explizit geäußert hätte.

Beim aktiven Zuhören kommt es darauf an, eine Verbindung zum Sender herzustellen und unserem Gegenüber zu zeigen, dass wir die mitgeäußerten Gefühle empfangen haben. Auf diese Weise fühlt sich der Sender mehr unterstützt, als wenn wir uns gemeinsam zum Beispiel über Frau Müller aufregen. Durch aktives Zuhören wird sich die Kollegin verstanden fühlen und gegebenenfalls auch ermuntert, noch mehr darüber zu erzählen. Dies kann der Beginn für eine Unterhaltung sein, in der sich die Kollegin angenommen und wertgeschätzt fühlt, ohne dass es darum geht, einen ›Schuldigen‹ zu finden oder die Frage zu klären, wer recht hat. Wir alle haben unsere Gründe für unser Verhalten und sollten uns bemühen, die andere Person zu verstehen, anstatt zu (ver-)urteilen. ›Großer Geist, bewahre mich davor, über einen Menschen zu urteilen, ehe ich nicht eine Meile in seinen Mokassins gegangen bin‹, lautet eine indianische Weisheit.

Paraphrasieren

Diese Technik wird von den meisten als einfacher empfunden als das aktive Zuhören. Das Paraphrasieren bezieht sich rein auf die Sachebene der gesendeten Nachricht. Nehmen wir wieder ein Beispiel aus dem Berufsleben: Eine Auszubildende als Empfängerin wiederholt das, was sie als Arbeitsauftrag verstanden hat, mit eigenen Worten: ›Ich habe verstanden, dass ich zunächst die Kopien anfertigen und dann die Mappen für die Sitzung heute Nachmittag zusammenstellen soll.‹ Hier hat der Vorgesetzte als Sender die Möglichkeit, die Auszubildende zu korrigieren, bevor sie etwas anders macht, als er möchte. So könnte es sein, dass die Auszubildende zunächst eine Probemappe anlegen und vorzeigen soll, damit der Sender beurteilen kann, ob das so in seinem Sinne ist. Er könnte sagen: ›Nein, ich möchte, dass Sie erst nur einen Satz der Kopien anfertigen und sie in einer Mappe zusammenstellen, die Sie mir zeigen. Wenn alles in Ordnung ist, stellen Sie dann bitte im nächsten Schritt alle Mappen zusammen, die wir für die Sitzung benötigen.‹ Auch wenn sich dieses Beispiel etwas simpel anhört – es ist eine Tatsache, dass viele Missverständnisse den täglichen Arbeitsalltag oft mühselig erscheinen lassen.

Paraphrasieren eignet sich besonders dann, wenn es um Daten, Zahlen und so weiter geht. So habe ich mir angewöhnt, bei jedem Termin, den ich ausmache, abschließend zu paraphrasieren: ›Ich habe mir für unser Gespräch im Kalender Montag, den 23.4., um 9 Uhr im Besprechungsraum 444 notiert.‹

Wenn ich den Tipp des Paraphrasierens an jemanden weitergebe – beispielsweise, wie er als neuer Mitarbeiter in einem Unternehmen kommunizieren kann, was bei ihm angekommen ist –, höre ich oft: ›Aber das kann ich doch nicht machen, dann denken die anderen doch, dass ich blöd bin!‹ Daraufhin erzähle ich meist von einem meiner Auftraggeber, der hauptsächlich in Halbsätzen sprach, die immer mit einem ›… du weißt schon‹ endeten. Häufig wusste ich nicht, was genau ich tun sollte. Da er ziemlich aufbrausend werden konnte, wenn ich das äußerte, gewöhnte ich mir an, das zu wiederholen, was ich verstanden hatte. So brauchte er nur noch zu sagen: ›Ja, ja, genau.‹ Oder ich hörte wieder einen Halbsatz. Auf diese Weise tastete ich mich an das heran, was ich wirklich für ihn erledigen sollte. Mir war es lieber, das vorab verlässlich zu klären, als später eine Leistung abzuliefern, die er sich anders vorgestellt hatte, was uns beide nur noch mehr Zeit und Mühe gekostet hätte.

Bei dieser Methode rate ich Ihnen, Frau Wagner: Wenden Sie sie an und probieren Sie sie aus, wo sie Sinn macht. Und so ist es mit allen Kommunikationstechniken. Es ist wichtig, sie zu kennen, um dann im Einzelfall zu entscheiden, welche wir anwenden. Als Sie vorhin mit eigenen Worten wiederholt haben, was von dem, was ich gesagt habe, bei Ihnen angekommen ist, war das übrigens Paraphrasieren.«

»So einfach ist das?«, fragte Daniela.

Frau Rosenblatt lachte. »Ja, manchmal ist Kommunikation auch einfach. Hier habe ich noch ein paar Fragen zu den Kommunikationstechniken. Ich schlage vor, dass Sie sie bis zur nächsten Sitzung einmal in Ruhe durchgehen. Was meinen Sie?«

»Okay, mach ich. Und danke für diesen Theorie-Input heute, da habe ich direkt wieder etwas Neues, das ich üben kann. Bis zum nächsten Mal, Frau Rosenblatt.«

FOKUSFRAGEN zu den Kommunikationstechniken:

* Welche Kommunikationstechnik empfinde ich als hilfreich?
* Welche möchte ich künftig anwenden?

5. WER A SAGT, MUSS AUCH B SAGEN – ÜBERZEUGEND ARGUMENTIEREN

Diesmal konnte es Daniela kaum erwarten, mit Frau Rosenblatt zu sprechen. In der Zwischenzeit war ihr Drucker kaputtgegangen, und sie hatte wegen eines neuen im Einkauf angerufen. Mit dem Kollegen dort, Herrn Fuchs, kam sie nicht gut zurecht. Immer hatte sie das Gefühl, sie müsste sich mit ihren Anliegen rechtfertigen. Und wenn er anfing, mit ihr zu argumentieren, fühlte sie sich wie ein Lieferant, bei dem er das Bestmögliche für die Firma herausholen musste, und nicht wie eine Kollegin, die er dabei unterstützte, ihre Arbeit gut zu erledigen. Ob Frau Rosenblatt auch hier Rat wusste?

Nachdem Daniela ihr Anliegen für heute geschildert hatte, ging Frau Rosenblatt sofort darauf ein. »Dann beginnen wir mit dem Thema Argumentation. In diesem Zusammenhang werden wir auch über Killerphrasen und die Einwandbehandlung – ein etwas sperriger Begriff – sprechen. Außerdem über Manipulationen und wie Sie selbst damit umgehen können und schlagfertiger werden. Sind Sie einverstanden?«

»Äh, ja, wenn das Sinn macht. Killerphrasen ... das hört sich richtig brutal an, ich bin gespannt! Und was die Schlagfertigkeit angeht, da bin ich jetzt schon neugierig, was das mit einem friedfertigen Umgang zu tun haben kann. Aber vielleicht ist ja etwas dabei, wie ich Herrn Bauer Paroli bieten kann. Er ist zwar in letzter Zeit friedlicher geworden, aber man weiß ja nie.«

Frau Rosenblatt gab ihr ein Blatt mit Fokusfragen. Daniela fand das immer hilfreich, um sich über das anstehende Thema grundlegende Gedanken zu machen. Sie las sich die Fragen durch und nickte dreimal.

FOKUSFRAGEN zum Thema Argumentation:
- Kennen Sie das Gefühl, mit Ihren Argumenten »am Ende« zu sein?
- Fühlen Sie sich gelegentlich von den Argumenten anderer überrumpelt?
- Möchten Sie gerne künftig überzeugend argumentieren?

»Vieles in unserer täglichen Kommunikation ist Argumentation«, begann Frau Rosenblatt. »Es gibt etwas, das wir wollen oder auch nicht. Deshalb finden wir Gründe – und Begründungen – für unseren Standpunkt. Wir argumentieren:

- mit unserem Chef, warum wir für einige Aufgaben mehr Zeit möchten,
- im Kollegenkreis, warum wir bestimmte Aufgaben nicht noch zusätzlich übernehmen können,
- natürlich sehr viel mit Kunden, warum sie unsere Produkte kaufen sollten, und
- mit Lieferanten, dann geht es meist um Preise und Einkaufskonditionen.

Unser Tag ist angefüllt mit Argumentationen, ohne dass wir uns dessen immer bewusst sind. Ich werde Ihnen nun die Grundlagen der Argumentation vorstellen. Wie bereiten wir unsere Argumente so vor, dass sie unseren Gesprächspartner möglichst überzeugen? Und wie reagieren wir am besten auf die Argumente der anderen? Das kommt besonders bei einer unfairen Argumentation zum Tragen. Meist sind es sogenannte Killerphrasen, die uns auch schon mal sprachlos machen.

Auf all das sollten wir uns mental vorbereiten.

Wir müssen zunächst wissen, was wir wollen und was wir auf gar keinen Fall möchten, damit uns unser eigener Standpunkt klar ist. Wenn Sie jetzt denken: ›Ist doch logisch!‹, dann überlegen Sie bitte einen Moment, Frau Wagner, ob Ihnen das wirklich immer so klar ist. Oder kommt es auch vor, dass Sie in ein Gespräch gehen mit der Haltung: ›Mal gucken, was da kommt.‹?«

Daniela nickte. »Ja, nicht gerade selten.«

»Für offene Runden, zum Beispiel in Form einer Business-Moderation, ist das sicherlich eine gute Einstellung, weil Offenheit die Kreativität fördert. In den meisten anderen Fällen ist es jedoch gut, wenn wir uns vorab unsere Ziele bewusst machen. Erst wenn wir unseren eigenen Standpunkt kennen, können wir damit anfangen, uns Begründungen zu überlegen. Insofern geht jeder rationalen Argumentation eine mentale Vorbereitung voraus.

Grundlagen der Argumentation

Jedes Argument besteht aus einem Standpunkt und einer Begründung. Je überzeugender eine Begründung ist, desto wahrscheinlicher ist es, dass die Gesprächspartner unserer Argumentation folgen.

Mein schönstes Beispiel spielte sich im Sommer während eines Kurses an der Fachhochschule ab, an der ich oft mit Studierenden zusammenarbeite. Einige der jungen Leute fragten, ob wir bei dem schönen Wetter draußen arbeiten könnten.

›Darauf habe ich keine Lust‹, sagte ein Student.

›Ich hab Heuschnupfen‹, sagte eine Studentin.

Aus Sicht der Argumentationstechnik lauten die beiden Argumente:

- Ich möchte nicht nach draußen gehen (Standpunkt), weil ich keine Lust dazu habe (Begründung).
- Ich möchte nicht nach draußen gehen (Standpunkt), weil ich Heuschnupfen habe (Begründung).

Jedes Argument enthält einen Standpunkt, der von einem oder mehreren Gründen (Begründungen) gestützt werden kann:

Konklusion (Standpunkt, der unterstützt werden soll)

+ Prämisse(n) (Grund/Gründe, die den Standpunkt unterstützen)

= Argument

Signalwörter für Konklusionen können zum Beispiel sein:

- folglich, darum, daher, daraus folgt, dass, deshalb, daraus kann man schließen, dass.

Signalwörter für Prämissen sind beispielsweise:

- da, weil, denn, nämlich.

In dem Satz ›Frau Meyer hat eine Beförderung verdient, denn sie hat mit Erfolg das Führungskräftetraining abgeschlossen‹ ist der erste Teil ›Frau Meyer hat eine Beförderung verdient‹ die Konklusion, der Standpunkt. Mit ›denn sie hat mit Erfolg das Führungskräftetraining abgeschlossen‹ folgt die Prämisse, die Begründung.

Ob die vorgebrachten Argumente zugkräftig sind, hängt von mehreren Faktoren ab, zu einem großen Teil davon, ob die Prämissen die Konklusion stützen. Hier wird unterschieden nach:

- Full-Power-Argumenten,
- High-Power-Argumenten,
- Low-Power-Argumenten und
- No-Power-Argumenten.[13]

Wäre für Sie eine überzeugende Begründung für Frau Meyers Beförderung ›… denn sie ist eine nette Person‹, Frau Wagner?«

Daniela schüttelte den Kopf. »Nein, natürlich nicht. «

»An diesem Beispiel zeigt sich deutlich, wie wichtig eine gute Begründung für unsere Argumentation ist«, fuhr Frau Rosenblatt fort. »Wir sollten uns vor schwierigen Gesprächen regelmäßig gründlich überlegen, welche Argumente wir für unsere Position haben. Schauen wir uns die verschiedenen Argumenttypen genauer an:

Full-Power-Argumente sind logische Beweise. Wenn die Prämissen die Konklusion hundertprozentig stützen, folgt die Konklusion aus den Prämissen absolut zwingend. Ein Beispiel:

1. Prämisse: Alle Menschen sind sterblich.

2. Prämisse: Herr Meier ist ein Mensch.

Konklusion: Herr Meier ist sterblich.

Solche Beweise kommen oft in der Mathematik vor und folgen der Logik: Wenn a>b und b>c, dann a>c. Im Bereich der Argumentation finden sie sich seltener, auch wenn Redner uns dies mit ihren Worten suggerieren wollen.

High-Power-Argumente sind starke Erfahrungsargumente. Die Prämissen stützen die Konklusion mit einem gewissen Grad an Wahrscheinlichkeit. Hierzu gehören zum Beispiel statistische Verallgemeinerungen. Auch hierzu ein Beispiel:

70 Prozent der bei einer Studie befragten Unternehmen in Deutschland sind für die Abschaffung der Gewerbesteuer. Daher heißt es:

70 Prozent der Unternehmen in Deutschland sind für eine Abschaffung der Gewerbesteuer.[14]

Low-Power-Argumente sind Plausibilitätsargumente. Die Prämisse stützt die Konklusion nur schwach. In Low-Power-Argumenten machen die Prämissen die Konklusion zumindest so lange plausibel, solange es keine Gegenbeweise gibt. Die meisten der von uns im Alltag verwendeten Argumente sind Low-Power-Argumente.

1. Prämisse: Sachverhalt A wird beobachtet.

2. Prämisse: Sachverhalt A ist normalerweise ein Zeichen für Sachverhalt B.

Konklusion: Daher ist B wahr.

Das Beispiel dazu: Die Polizei fährt mit Blaulicht. Wenn die Polizei mit Blaulicht fährt, dann ist das ein Zeichen, dass irgendwo etwas passiert ist. Also ist vermutlich irgendwo etwas passiert.[15]

No-Power-Argumente sind solche, bei denen die Prämisse überhaupt keine Stütze für die Konklusion (0 Prozent) darstellt. Dabei handelt es sich um Fehlschlüsse oder Argumentationstaktiken. Die Aussage des Studenten ›Darauf habe ich keine Lust‹ ist ein klares No-Power-Argument. Ein weiteres Beispiel: ›Wir haben seit der Gründung unseres Unternehmens kein solches Konzept gebraucht. Und es hat auch so funktioniert, oder?‹

Ganz abgesehen davon, dass es sich bei der Frage am Ende um eine Suggestivfrage handelt, zeigt der letzte Satz, dass der Sprecher nicht mehr weiter diskutieren will. Viele solcher Sätze – auch Killerphrasen genannt – zielen darauf ab, ein Gespräch auf ebendiese Art zu beenden.

Bei Killerphrasen – souverän bleiben

Killerphrasen bezwecken das, was durch den Begriff schon ausgedrückt ist. Sie möchten die Kommunikation abtöten. Typische Sätze sind:

- Das haben wir schon immer so gemacht!
- Das haben wir noch nie so gemacht!
- Dafür haben wir keine Zeit, kein Geld!
- Das bringt doch nichts!

Manchmal sind es auch direkt verletzende Sätze wie:

- Dazu können *Sie* doch gar nicht sagen!
- Als ob *Sie* etwas davon verstünden!

Und so weiter ...

Diese Liste ließe sich noch sehr viel länger fortsetzen. Früher war ich bei Killerphrasen oft einfach zu perplex, um etwas zu antworten. Mit einer solchen Unverfrorenheit hatte ich einfach nicht gerechnet. Auch fühlte ich mich entweder persönlich angegriffen oder herabgesetzt. Nun gibt es in Stresssituationen drei grundsätzliche Möglichkeiten, sich zu verhalten, die den ältesten instinktiven Reaktionen des Menschen gehören:

Angriff, Flucht oder Erstarrung (Totstellreflex).

Schauen wir uns Angriff oder Flucht in unserem Kontext genauer an. Beide Wege führen nicht wirklich zum Ziel. Bei Flucht haben wir nachgegeben, frei nach dem Motto ›Der Klügere gibt nach‹, doch es gibt auch Situationen, in denen man irgendwann den Eindruck hat, ›Der Klügere gibt nach, bis er der Dümmere ist‹. Dann fühlen wir uns unterlegen, was uns zu schaffen macht – schließlich wollen wir nicht dumm dastehen. Im schlimmsten Fall macht uns das aggressiv, und wir gehen zum Angriff über oder warten auf eine günstige Gelegenheit, um zurückzuschlagen. Reagieren wir aggressiv, schaukelt sich die Situation meist weiter hoch, bis es zum Streit kommt und auch Worte fallen, von denen wir uns in einem ruhigen Moment schon mal wünschen, dass wir sie nicht ausgesprochen hätten. In solchen Fällen habe ich oft darüber nachgedacht, was ich mir von mir selbst als Reaktion in einer entsprechenden Situation gewünscht hätte – und das war, dass ich zumindest eine ›schlaue‹ Erwiderung hätte äußern wollen. Kennen Sie so etwas auch, Frau Wagner?«

»Ja«, erwiderte Daniela. »Das passt zu meinen früheren Reaktionen Herrn Bauer gegenüber. Aber kann man hier nicht das Eisbergmodell nutzen, das heißt, Sach- und Beziehungsebene voneinander trennen, um sich zu schützen?«

Frau Rosenblatt nickte. »Doch, das kann man. Wenn wir merken, dass jemand uns auf der Beziehungsebene verunsichern oder sogar verletzen will, können wir uns in vielen Fällen dagegen wappnen. Wir sollten kühl überlegen, worum es auf der Sachebene geht. Sobald wir uns nicht mehr ge- und betroffen fühlen, können wir anders reagieren. Vom Gefühl her empfinden wir das vielleicht, als würden wir einem Schlag ausweichen, der uns nichts anhaben kann. Wir können uns immer wieder entscheiden, ob wir uns treffen lassen wollen oder nicht, auch wenn die andere Person uns ganz bewusst treffen will. Die CD ›Die Entscheidung liegt bei dir‹[16] kann hier wertvolle Impulse gegeben.«

»Aber wie soll ich nun mit Killerphrasen umgehen?«, fragte Daniela.

»Sie haben es eigentlich schon gesagt. Im ersten Schritt machen wir uns bewusst, dass hier die Beziehungsebene angesprochen ist. Im zweiten Schritt ist es dann wichtig, möglichst auf die Sachebene zurückzukehren, und zwar ohne den anderen wiederum anzugreifen. Oft ist ja der Impuls, dass man es der anderen Person so richtig zeigen will.«

Daniela grinste. Genau das war zu Anfang des Coachings ihr Wunsch gewesen: dem Vertriebsleiter mal so richtig die Meinung zu sagen.

»Jetzt habe ich ziemlich lange geredet«, sagte Frau Rosenblatt. »Können Sie aus dem, was ich Ihnen erläutert habe, schon etwas für Ihr nächstes Gespräch mit dem Kollegen aus dem Einkauf mitnehmen?«

»Eine ganze Menge! Mir ist aufgefallen, dass ich wohl ziemlich blauäugig war, als ich Herrn Fuchs angerufen habe. Ich habe ihm einfach mitgeteilt, dass mein alter Drucker kaputt ist und ich einen neuen brauche. Daraufhin stellte er mir Fragen nach technischen Details, auf die ich nicht antworten konnte. ›Typisch Frau, keine Ahnung, aber Ansprüche stellen!‹, sagte er, und das hat mich sehr verletzt. Während ich Ihnen zugehört habe, ist mir klar geworden, dass er das auf der Beziehungsebene gesendet hat.

Andererseits hat mich das so verunsichert, dass ich nur noch gestammelt habe: ›Ich möchte doch nur einen neuen Drucker ... ich war mit dem alten zufrieden, aber weil der kaputt ist, brauche ich dringend einen neuen ... morgen muss ich für Frau Jung eine wichtige Präsentation ausdrucken.‹

Er fand diese Aussage offensichtlich wenig präzise und schwieg.

›Weshalb sollte ich mich mit solchen Hardware-Themen auskennen? Dafür haben wir ja schließlich den Einkauf‹, sagte ich.

›Das untermauert nur meine Worte von vorhin‹, entgegnete er.

›Wann kann ich denn mit einem neuen Drucker rechnen?‹

›Ich kenne keinen Lieferanten, der aufgrund Ihrer Angaben etwas liefern kann. Bei einer Bestellung muss man schon klar ein bestimmtes Modell von einem bestimmten Hersteller ordern.‹

Ich war so wütend, dass ich einfach den Hörer aufgeknallt habe. Zwei Möglichkeiten gingen mir durch den Kopf, entweder die Kollegin aus dem Nachbarsekretariat zu fragen, ob ich ihren Drucker benutzen kann, oder Frau Jung zu berichten, wie mich dieser Fiesling in meiner Arbeit behindert.«

»Das hört sich für mich wirklich nach einer Auseinandersetzung oder einem Kräftemessen an. Wie würden Sie denn grundsätzlich Ihre Beziehung zu Herrn Fuchs beschreiben?«

»Beziehung? Wie meinen Sie das?«

»Na ja, ist er ein Kollege, zu dem Sie sich schon mal an den Mittagstisch setzen oder einen kurzen Schnack auf dem Flur halten?«

»Nein, das war früher mal … bis er irgendwann auf einer Weihnachtsfeier den Arm um mich legte und sagte, er wolle mit mir auf das Du anstoßen, was ich aber nicht wollte. Seitdem legt er mir Steine in den Weg, wo es nur geht.«

»Ja, das ist häufig so, dass sich jemand zurückgewiesen fühlt und dann so reagiert …«

»Wollen Sie damit sagen, dass ich selbst schuld bin, weil ich nicht auf seine Anmache eingegangen bin?«

»Nein, ganz sicher nicht. Es ist nur so, dass wir eine ›Geschichte‹ mit jemandem haben, zu dem die Beziehung nicht so positiv ist. Und mir scheint, dass Sie seine Art schon immer als etwas aufdringlich empfunden haben.«

»Das können Sie wohl sagen! Kaum hatte ich meine jetzige Position, war ich auf einmal interessant für ihn. Er wollte sich nur bei mir einschleimen, um einen guten Draht zur Personalabteilung zu haben! Aber ich lasse ja schließlich nicht alles mit mir machen!«

»Da ist in der Kommunikation zwischen Ihnen wohl einiges schiefgelaufen. Heute können Sie wählen, ob wir uns den Konflikt zwischen Ihnen beiden anschauen oder die kommunikativen Möglichkeiten, wie Sie auf die Killerphrasen Ihres Kollegen reagieren können. Was ist Ihnen lieber?«

»Der Umgang mit Killerphrasen, das brauche ich öfter.«

»Gut. Grundsätzlich ist es gut, möglichst sachlich zu bleiben. Wenn ich Sie richtig verstanden habe, haben auch Sie nach der ersten Killerphrase von Herrn Fuchs auf der Beziehungsebene reagiert. Ich möchte Ihnen drei Möglichkeiten vorstellen, und wir schauen dann, was Sie beim nächsten Mal entgegnen können.

1. Die Gegenfrage. Auf die Aussage ›Das bringt doch nichts!‹ können wir sagen: ›Inwiefern sind Sie der Meinung, dass das nichts bringt?‹

2. Die Isolierfrage. Hier können wir uns sogar schon eine Standardeinleitung zurechtlegen: ›Lassen wir den Punkt xyz mal beiseite, was sagen Sie zu meinem Vorschlag?‹ Auf den Satz ›Dazu haben wir keine Zeit‹ kann man also antworten: ›Lassen wir die knappe Zeit einmal beiseite, was sagen Sie zu meinem Vorschlag?‹

3. Die sogenannte Bumerang-Methode. Hier wird der Aspekt aus der Killerphrase noch einmal aufgenommen und als Argument verwendet. Beispiel: ›Das machen wir seit zehn Jahren so!« Darauf kann man antworten: ›Gerade weil wir es schon seit zehn Jahren so gemacht haben, ist es an der Zeit, etwas Neues auszuprobieren.‹

Was nun Ihr Gespräch mit Herrn Fuchs angeht, so hätten Sie mit einer Gegenfrage reagieren können, zum Beispiel: ›Welche Informationen benötigen Sie von mir, um einen neuen Drucker für mich zu bestellen?‹ Dann hätte er genauer erklären können, dass er mehr darüber wissen muss, ob Sie häufig Farbausdrucke machen möchten oder ob es bei Ihnen eher darum geht, viele Blätter innerhalb kurzer Zeit auszudrucken. Dann hätten Sie beide durch gegenseitiges Fragen zu einer Lösung kommen können.«

»So einfach soll das sein?« Daniela konnte es kaum glauben.

»Es kann tatsächlich so einfach sein. Es kommt nur darauf an, ob

Äußerungen wie die Ihres Kollegen Sie wütend machen und es Ihnen dann schwerfällt, sachlich zu bleiben. Ich kenne das von mir – ich kann nicht immer in jeder Situation souverän mit Angriffen umgehen. Wenn ich mich dann frage, worum es grundsätzlich geht und was ich erreichen möchte, fällt es mir meist leichter, meinen Ärger beiseite zu schieben und mich auf die Sache zu konzentrieren.«

»Okay, das werde ich beim nächsten Mal ausprobieren. Hatten Sie vorhin nicht gesagt, dass es zu diesem Thema noch mehr Aspekte gibt?«

»Ja, wir sprechen gleich noch über das Thema Schlagfertigkeit. Auch das ist etwas, das man trainieren kann. Hierzu gehören auch die Einwandbehandlung im Allgemeinen und der Umgang mit Manipulationen. Ich schlage vor, wir machen weiter und schauen, wie weit wir heute kommen«, sagte Frau Rosenblatt und reichte Daniela ein Arbeitspapier.

Schlagfertigkeit – der Umgang mit unfairen Argumenten

Daniela nickte eifrig, während sie das Blatt überflog. Nun ging es mehr in die Richtung, die sie sich wünschte! Was Frau Rosenblatt bisher zum Thema Kommunikation gesagt hatte – das mit den Modellen und Kanälen – war ja ganz interessant gewesen. Aber jetzt hatte Daniela die Hoffnung, dass sie konkrete Dinge erfahren und Techniken lernen würde, um den Kolleginnen und Kollegen, die ihr das Leben schwer machten und ihr den Arbeitsalltag vermiesten, endlich Einhalt gebieten zu können. Sie gestand sich ein, wie sehr sie darunter litt, dass sie am Abend zu Hause nicht so schnell abschalten konnte, wie sie es wollte und brauchte, weil ihr die Ereignisse und Gespräche noch nachliefen.

Frau Rosenblatt sah Daniela an. »Passt Schlagfertigkeit überhaupt zu friedvoller Kommunikation? Allein schon das Wort enthält die Teile ›Schlag‹ und ›fertig‹, was sich wenig friedvoll anhört. Friedvoll bedeutet für mich nicht, dass man zu allem ›Ja und Amen‹ sagen und alles hinnehmen muss. Ähnlich wie bei den Killerphrasen ist es wichtig, die eigene Grenze zu markieren: ›bis hierher und nicht weiter‹. Das kann auch verbal sein. Es geht darum, dem Gesprächspartner zu signalisieren, dass man sich einen gewissen Respekt in der Kommunikation wünscht. Und für einen selbst ist es wichtig, das Gefühl zu haben, handlungsfähig zu bleiben, anstatt sich ohnmächtig zu fühlen. Auch hier gibt es viele Bücher, die sich hervorragend und detailliert mit diesem Thema beschäftigen.« Frau Rosenblatt zeigte auf die Literaturempfehlungen am Ende des Arbeitspapiers. »Ein Paradebeispiel für Schlagfertigkeit ist die folgende kurze Kommunikation zwischen Lady Astor und Winston Churchill:

Lady Astor zu Churchill: ›*Winston, if I were your wife I'd put poison in your coffee.*‹ – Winston, wenn ich Ihre Ehefrau wäre, würde ich Ihnen Gift in Ihren Kaffee tun.

Darauf Churchill: ›*Nancy, if I were your husband I'd drink it.*‹ – Nancy, wenn ich Ihr Ehemann wäre, ich würde ihn trinken.

Auf dem Arbeitsblatt finden Sie sowohl das englische Original als auch die deutsche Übersetzung, doch Sie werden diese ja nicht brauchen, so fit wie Sie in Englisch sind!« Frau Rosenblatt lächelte und fuhr fort: »Viele der Sätze, die ich Ihnen gleich vorstelle, finden Sie zum Nachlesen auf dem Arbeitsblatt, damit Sie diese zu Hause noch einmal in Ruhe durchgehen können.

Die sogenannten **Tüten- oder Instant-Sätze**[17] eignen sich für einen Einstieg und eine erste Abwehr von Sätzen, die man als beleidigend oder verletzend empfindet, ebenso wie die angesprochenen Techniken des Umgangs mit Killerphrasen. Matthias Nölke beschreibt diese Art von Sätzen in seinem Buch ›Schlagfertigkeit‹. Mit Tütensätzen sind Formulierungen gemeint, die man sich leicht merken und antrainieren kann, um den anderen zunächst auf Distanz zu halten, indem man ihm klar macht, dass man nicht einfach sprachlos und in der Opferrolle ist, sondern seine eigene Position verbalisiert.

Beispiele für solche Tütensätze können sein:

- ›Dazu fällt mir wirklich gar nichts ein.‹
- ›Keine Ahnung, was ich dazu sagen soll.‹
- ›Sie erwarten wohl hoffentlich nicht, dass ich irgendetwas dazu sage.‹
- ›Muss ich das verstehen, was Sie da gerade gesagt haben?‹[18]
- ›Sie finden ... (zum Beispiel, dass ich unprofessionell bin)? Nun, damit kann ich leben!‹

Entscheiden Sie bitte selbst, Frau Wagner, für wie gut geeignet Sie diese Sätze halten – der dritte und der vierte Satz können je nach Betonung schon in Richtung Ironie gehen. Eine meiner Lieblingsantworten ist: ›Das ist eine interessante Sichtweise, dazu möchte ich mich gerne näher mit Ihnen austauschen.‹ Wobei es bei dem Ausgangssatz sehr auf die Betonung ankommt. Wenn er als unfaire Aussage gesendet war, wird das schnell klar, denn der Sender wird keine Erklärung liefern können. Enthält der Satz aber ein paar Körnchen Wahrheit, kann das eine gute Möglichkeit sein, mehr miteinander in den Dialog zu kommen.

Das **souveräne Ignorieren** ist eine weitere mögliche Technik. Es gibt immer wieder Situationen, in denen sich andere zum Beispiel durch vorlaute Bemerkungen während einer Präsentation in den Vordergrund spielen wollen. Souveränes Überhören führt nicht selten dazu, dass diese ›Angriffe‹ buchstäblich im Sande verlaufen.

Doch das gilt nicht immer. Es gibt auch Situationen, in denen solche Leute so lange ›um Aufmerksamkeit betteln‹, bis man sie ihnen schenkt. Hier hilft eine **Reaktion auf der Sachebene** weiter, beispielsweise: ›Ihre Anmerkung stelle ich erst einmal zurück. Sobald ich mit meiner Präsentation fertig bin, werde ich gerne darauf zurückkommen.‹ Wichtig ist, die jeweilige Person dann auch wirklich anzusprechen und noch einmal nach dem Anliegen zu fragen. Meist wird den Zwischenrufern in diesem Moment bewusst, wie lächerlich ihr Einwand war, und sie verzichten darauf, ihn zu wiederholen.

Auch durch eine **kurze körperliche Reaktion** lassen sich solche

Bemerkungen abstellen. Ein strenger Blick signalisiert der betreffenden Person, dass ihre Einwürfe fehl am Platz sind. Und mit einem Schulterzucken mache ich klar, dass ich das jetzt für unwesentlich halte. Eventuell füge ich ein ›… wenn Sie meinen …‹ hinzu und lasse dem anderen so seine Meinung. In Gruppen schließe ich in solchen Fällen oft noch eine Aussage und eine Frage an die Gruppe an: ›Ich schlage vor, dass wir zunächst weitermachen – oder was meint die Gruppe dazu?‹ Nach meiner Beobachtung sind es immer wieder dieselben Personen, die sich in den Vordergrund spielen möchten und damit auch der Gruppe gehörig auf die Nerven gehen. Meistens sprechen sich alle anderen dafür aus, der Person mit dem Einwurf keine weitere Aufmerksamkeit zu schenken. Wenn das Thema wirklich wichtig ist, wird es an anderer Stelle wieder auftauchen – das ist meine Erfahrung.

Sie können auch mit **ganz einfachen Worten** reagieren, wie zum Beispiel ›Ach ...‹, ›Ach was!‹ oder ›Und?‹[19]

Weiter lassen sich die Techniken der Einwandbehandlung, insbesondere die **Isoliertechnik,** gut anwenden, zum Beispiel mit der Einleitung: ›Mal abgesehen von Ihrer Meinung, was sagen Sie zu meinem Vorschlag?‹ oder ›Lassen wir einmal … beiseite, wie sehen Sie …?‹ Und wenn einem gar nichts mehr einfällt, kann man sich auch schon einmal mit einem kurz nachgefragten ›Inwiefern?‹ etwas Zeit zum Nachdenken und Antworten verschaffen. Wir sollten immer ein paar solcher Sätze parat haben und diese benutzen. Das ist viel besser, als sprachlos stehen zu bleiben oder sich zu entfernen. Oft fällt einem dann später noch eine Antwort ein, doch dann ist es meist zu spät und das Gefühl, ›verloren‹ zu haben, bleibt. Und genau darum geht es beim Thema Schlagfertigkeit: Wir können uns zum einen verbal verteidigen und zum anderen möglichst zur Sachebene zurückkehren. Aus eigener Erfahrung weiß ich, dass das besonders dann eine Herausforderung darstellt, wenn wir uns emotional sehr verletzt fühlen oder in diesem Moment ›nicht so gut drauf‹ sind. Eine meiner Lieblingsmethoden ist die sogenannte **Dolmetschertechnik.** Damit werden Sätze umgelenkt und übersetzt, was ein wenig in Richtung des aktiven Zuhörens gehen kann. Man hört mit dem Selbstoffenbarungsohr hin und antwortet dann entsprechend.«

Frau Rosenblatt griff nach einem Buch und schlug es auf. »Diese Beispiele aus dem Buch von Matthias Nölke[20] gefallen mir besonders gut. Darf ich Sie Ihnen vorlesen, Frau Wagner?«

Daniela nickte. »Ich bin sehr gespannt. Ich kann mir das noch nicht so recht vorstellen.«

Frau Rosenblatt begann zu lesen.

»»Herr Ewers zu Herrn Marks: ›Sie sind ja eine Krücke.‹ Antwort: ›Sie meinen, ich bin die Stütze des Unternehmens?‹

Herr Ewers zu seinem Kollegen: ›Herr Marks, Sie sind ein Kamel.‹ Herr Marks: ›Ja, ich bin am belastbarsten von der ganzen Karawane.‹

Herr Ewers: ›Was sind Sie nur für eine Schießbudenfigur, Herr Marks!‹ Der nickt: ›Stimmt, jeder versucht, mich zu treffen.‹

Herr Marks zu Herrn Ewers: ›Sie sind wirklich das Allerletzte!‹ Der ist auch damit einverstanden: ›Ja, das Beste kommt zum Schluss.‹

Herr Ewers tadelt Herrn Marks: ›Ihre Ansichten sind doch überholt!‹ Herr Marks hat nichts dagegen einzuwenden: ›Ja, aber alle, die mich überholt haben, sind mit ihren Ansichten gegen die Wand gefahren!‹[21]«

Frau Rosenblatt sah auf. »Bei dem ganzen Thema Schlagfertigkeit geht es ähnlich wie beim Beispiel mit dem Umgang von Killerphrasen darum, die eigene Position zu halten«, sagte sie. »Es sollte nicht dazu führen, dass ich meinen Gesprächspartner auf der Beziehungsebene angreife und verletze. Deshalb kommt es auch immer sehr auf den Ton an, in dem ich antworte.« Sie las einige Sätze vom Arbeitsblatt vor, und Daniela wurde bewusst, wie man durch eine überhebliche oder sogar arrogante Betonung noch mehr Öl ins Feuer gießen konnte.

»Jetzt beschäftigen wir uns noch mit dem Thema der Einwandbehandlung im Allgemeinen. Es kann sein, Frau Wagner, dass nicht alle der Dinge, die ich Ihnen gleich vorstellen werde, interessant für Sie sind. Aber vieles davon wird im Vertrieb eingesetzt. Und bei Ihrem

Umgang mit dem Vertriebsleiter kann es hilfreich sein, wenn Sie die grundsätzlichen Bestandteile eines Kommunikationsseminars für Vertriebler kennen. Wir werden uns dies auch noch an Ihren konkreten Beispielen genauer anschauen, und wie immer entscheiden Sie selbst, was Sie davon einsetzen möchten. Anhand dieser Liste werden Sie meinen Ausführungen hoffentlich gut folgen können.« Sie reichte Daniela ein neues Arbeitsblatt.

Mit Einwänden umgehen

»Einige Techniken zur Einwandbehandlung haben wir schon kennengelernt, als wir über Killerphrasen sprachen«, begann Frau Rosenblatt. »Das Thema spielt vor allem in Verkaufsgesprächen eine Rolle. Einer der Grundsätze lautet, dass wir den Einwand des Kunden weder kritisieren noch infrage stellen. Vielmehr ist ein Einwand eine gute Möglichkeit, näher mit dem Kunden über seine Vorstellungen ins Gespräch zu kommen und ihm möglichst ein Produkt anbieten zu können, mit dem er dann auch zufrieden ist.

Wenn der Kunde sagt: ›Das ist mir zu teuer‹, kann das der Auftakt zu einem Austausch darüber sein, was genau ihm zu teuer ist oder auch wie viel er für das Produkt oder die Dienstleistung zu zahlen bereit ist. Verkäufer sollten hier die Technik der Gegenfrage anwenden: ›Was ist Ihnen eine solche Leistung wert?‹ oder: ›Wie viel können oder möchten Sie dafür ausgeben?‹ So bleibt man im Gespräch und kann sich als Verkäufer überlegen, ob man auf die Vorstellungen des Kunden eingehen will.

Ich möchte betonen, dass es sich bei den hier angesprochenen Techniken um solche für ›normale‹ Situationen und Verkaufsgespräche handelt. Aus der Praxis weiß ich, dass sowohl Ein- als auch Verkäufer besondere Schulungen zur Verhandlungsführung besuchen, um immer neue Verhandlungtechniken zu erlernen, damit sie den größtmöglichen Nutzen für ihr Unternehmen herausholen können. Aber um solche ›Power-Methoden‹ geht es hier nicht. Ich möchte

Sie einfach mit den gängigsten Techniken der Einwandbehandlung vertraut machen, Frau Wagner. Der erste Grundsatz für Verkäufer lautet: Nehmen Sie Ihren Gesprächspartner ernst. Er stellt Ihnen mit seinem Einwand etwas ganz Wichtiges zur Verfügung: seine Sichtweise. Sätze wie: ›Das sehen Sie völlig falsch‹, sollten der Vergangenheit angehören. Ebenso wie: ›Das müssen Sie anders sehen.‹ Ich persönlich reagiere auf so etwas in Verkaufsgesprächen sehr empfindlich. Meist markiert es das Ende unseres Dialoges, weil ich merke, dass ich ernst genommen werden möchte, anstatt das Gefühl zu haben, belehrt zu werden.

In der Literatur finden sich die verschiedensten Techniken mit unterschiedlichen Namen. Da sie aber vom Inhalt her ähnlich sind, habe ich sie gebündelt.

Einwände vorwegnehmen. Bei diesen Techniken werden Einwände angesprochen, bevor der Gesprächspartner sie äußert, zum Beispiel, weil die Verkäufer aus Erfahrung oder anderen Gesprächen mit diesen Einwänden rechnen. Vorwegnehmende Sätze haben folgendes Muster: ›Viele Kunden sagen an dieser Stelle …, hierzu sage ich …‹ Damit sollen Einwände der Kunden bereits entkräftet werden, bevor sie diese zur Sprache bringen. Die große Gefahr liegt darin, die Gesprächspartner auf Aspekte aufmerksam zu machen, die sonst eventuell für sie keine Rolle gespielt hätten. Vielleicht interessiert die Kunden auch gar nicht, was ›die anderen‹ sagen, sondern möchten mit ihren Bedenken ernst genommen werden.

Zahlen, Daten, Fakten nennen. Eine andere grundsätzliche Methode ist es, den Kunden Zahlen, Daten und Fakten zu nennen. Der Verkäufer ist – aus meiner Sicht eine Selbstverständlichkeit – gut vorbereitet, was konkrete Zahlen und Fakten zum Produkt betrifft und untermauert damit seine Fachkenntnisse. So kann er zum Beispiel auch den Preis zur Menge in Relation setzen, ›mit nur einem Euro am Tag …‹ Da mag manch einer denken: ›Meint der, ich könnte nicht rechnen?‹

Ein weiteres Verkaufsargument sollen Kundenzufriedenheitsstatistiken bilden. Hier geht es darum, Einwände durch positive Beispiele und **Referenzen** zu entkräften. Das können beispielsweise Bewertungen von der Stiftung Warentest sein. Auch diese Methode zieht bei vielen von uns nur bedingt. Was für andere gilt, muss ja noch nicht für uns gelten. Wenn jemand in einer Hotelbewertung schreibt, dass er das Hotel nicht besonders toll fand, weil es dort so ruhig war und nichts an Unterhaltung geboten wurde, so ist das für andere Menschen vielleicht ein Grund, genau dort hinzufahren, weil sie im Urlaub gerne ihre Ruhe haben.

Rück- und Gegenfragen stellen. Damit kann man meiner Meinung nach am besten überzeugen. Der Verkäufer stellt seinem Kunden ernst gemeinte Rückfragen, zum Beispiel:

- ›Was genau ist Ihnen zu teuer?‹
- ›Wie viel möchten Sie ausgeben?‹
- ›Welchen Preis/welches Honorar hatten Sie sich vorgestellt?‹ Oder ganz allgemein:
- ›Wie beurteilen Sie meinen Vorschlag?‹
- ›Aus welchen Gründen …‹
- ›Wie meinen Sie das?‹
- ›Unter welchen Umständen sind Sie bereit zuzustimmen?‹

Damit gelangt man auf die Inhaltsebene und kann mit dem Kunden besprechen, was er oder sie sich genau wünscht. Viel zu häufig jedoch sind Verkäufer sehr mit den eigenen Ideen, Vorstellungen und Zielen beschäftigt. Um dies zu ändern, sind offene Fragen das Mittel der Wahl – und dann gut zuhören! Je mehr Übereinstimmung grundsätzlich mit dem Gesprächspartner erzielt wird, umso größer ist die Wahrscheinlichkeit, zu einer gemeinsamen Lösung zu kommen.

Vor-und Nachteile benennen. Bei diesen Methoden geht es darum, bestehende Nachteile eines Produkts durch Vorteile aufzuwiegen beziehungsweise auszugleichen.

- ›Ja, diesen aus Ihrer Sicht nachteiligen Punkt sehe ich auch, aber der wird durch folgenden Vorteil mehr als aufgewogen …‹

- ›Unser Produkt ist im Hochpreissektor angesiedelt, dafür bekommen Sie …‹
- ›Ihr Argument ist gut, haben Sie jedoch auch … berücksichtigt?‹

Verkäufer können auch mit einem neuen Aspekt weiter argumentieren:
- ›Aus meiner Sicht sollten wir noch folgende wichtige Aspekte beachten …‹
- ›Das ist ein wichtiger Punkt, da kann ich Ihnen nur zustimmen, und natürlich muss hier berücksichtigt werden ...‹

Umbewertung. Diese Methoden gehen teilweise in die Richtung der Vor- und Nachteilmethoden und auch der ›Ja, aber‹-Methoden. Ein Nachteil wird aufgenommen und die Bedeutung bewusst positiv verändert, wodurch sich die Chance ergibt, die Dinge anders wahrzunehmen.

Aussage: ›Ihre Lieferzeiten sind zu lang.‹ Antwort: ›Ja, wir haben eine enorme Nachfrage nach unserem Produkt, weil es in dieser Qualität nichts anderes gibt. Es lohnt sich auch, schließlich arbeiten unsere Kunden nicht nur ein paar Wochen damit, sondern die nächsten drei bis vier Jahre.‹

Aussage: ›Wir sollten die Kosten im Blick behalten.‹ Antwort: ›Ich stimme Ihnen zu, die Kosten dürfen wir auf gar keinen Fall vernachlässigen. Sie sind der Dreh- und Angelpunkt, gerade deshalb wird Sie meine Kalkulation interessieren …‹ Oder auch: ›Gerade weil wir etwas teurer sind, können wir Ihnen diese zusätzliche Leistung anbieten …‹

Ebenso kann man auch die Aussage des Gesprächspartners als rhetorische Frage wiederholen: ›Sie möchten gerne sicher sein, dass …‹ und dann eine Aussage anfügen, ›Dazu möchte ich sagen …‹ War da schon etwas dabei, was in der Kommunikation mit Ihrem Vertriebsleiter interessant für Sie sein könnte, Frau Wagner?«

Daniela nickte. »Ich habe viele Begriffe wiedererkannt, die Herr Bauer in

Gesprächen benutzt. Wenn ich das sacken lasse und wir beim nächsten Termin noch ein paar Beispiele durchgehen, glaube ich, dass es mir in der Kommunikation mit ihm helfen wird – und auch bei Herrn Fuchs aus dem Einkauf.«

»Ja, das sehe ich genauso. Einwände erleben wir überall. Es ist wichtig, im Verkaufsgespräch gut damit umzugehen, aber auch in der Kommunikation mit Kolleginnen oder Kollegen und so weiter. Oft verkaufen wir uns und unsere Leistung ja auch selber. Wir müssen und wollen Überzeugungsarbeit leisten, und deshalb sollten wir uns schon vorab mit eventuellen Bedenken unserer Gesprächspartner auseinandersetzen. Wichtig ist dabei, dass wir eine gemeinsame Lösung für eine Herausforderung finden, eine Lösung, mit der unser Gesprächspartner einverstanden ist. Was nützt die tollste Gesprächsstrategie, wenn sich unser Gesprächspartner eventuell sogar manipuliert fühlt?«

»Aber worin besteht eine Manipulation?«, fragte Daniela. »Wie kann ich sie erkennen, und wie soll ich damit umgehen?«

Manipulationen erkennen und abwehren

»Zum Thema Manipulation ist vieles geschrieben worden, ebenso zu den unterschiedlichsten Techniken«, sagte Frau Rosenblatt. »Ich gebe Ihnen nachher ein paar Literaturhinweise[22]. Damit können Sie das Thema vertiefen, wenn Sie möchten. Für den Moment ist es mir wichtiger, dass Sie für sich selbst erkennen, ob und wann Sie sich manipuliert fühlen, und ich möchte an dieser Stelle mein Augenmerk auf das legen, was Manipulation mit einem ›macht‹. Welche Gefühle oder körperlichen Reaktionen stellen wir fest, wenn wir uns manipuliert fühlen? Ist es ein Drücken im Bauch? Fühlen wir uns machtlos? Wichtig ist es, dies zunächst wahrzunehmen und quasi die ›rote Signallampe‹, die innerlich leuchtet, ernst zu nehmen. Die nächste Frage, die sich stellt, ist, wie reagieren wir darauf? Was möchten wir jetzt am liebsten tun? Fühlen wir uns hilflos? Werden wir aggressiv?

Diese körperlichen Signale sind wichtige Hinweise, und ich rate sehr dazu, sie immer wahrzunehmen und nicht wegzuschieben. Bei mir ist das so: Ich spüre ein merkwürdiges Gefühl im Bauch, gefolgt von der inneren Frage: ›Was passiert hier?‹ Manchmal thematisiere ich genau das und spreche es aus: ›Ich frage mich gerade, was hier vor sich geht.‹ So gewinne ich Zeit, mir bewusst zu werden, was in dem Moment geschieht oder auch weshalb ich mich unwohl fühle. Je nachdem, mit was für einer Person ich es zu tun habe, erkennt diese eventuell schon meine Irritation und setzt noch einen drauf: ›Hörst du schon wieder das Gras wachsen?‹ Oder: ›Was ist denn heute wieder mit dir los?‹

Solche Sätze dienen dazu, mich weiter zu verunsichern und mir meine Gefühle auszureden beziehungsweise mir einzureden, dass ich zu empfindlich bin, um mich so von dem für mich richtigen Gefühl abzubringen. Häufig reagiere ich darauf mit Ich-Botschaften. Ich sage zum Beispiel: ›Ich merke gerade, dass ich an dieser Stelle ein Fragezeichen habe.‹ Manchmal kann ich recht klar ausdrücken, was es mit mir macht: ›Bei Ihrem Vorschlag habe ich Bedenken.‹ Oder ich sage: ›Das möchte ich mir noch durch den Kopf gehen lassen – ich melde mich in einer Stunde bei Ihnen.‹ – Solche Sätze äußere ich, wenn ich mich unter Druck gesetzt fühle und für mich erst erkennen will, wodurch, was ich möchte und was ich mir vorstellen kann und an welchen Stellen es mir eindeutig zu weit geht.

Doch worin genau besteht der Unterschied zwischen Überzeugen und Manipulieren? Sabine Anna Hegmann[23] hat hierzu eine Tabelle angefertigt, die ich auch gerne in meinen Seminaren verwende.

Manipulieren	Überzeugen
Das Anliegen ist verdeckt.	Das Anliegen ist klar.
Die Haltung gegenüber dem anderen ist starr: Er soll egozentrische Bedürfnisse erfüllen, ohne es zu merken.	Die Haltung gegenüber dem anderen ist respektvoll, empathisch und flexibel.
Aufrichtige Wahrnehmung wird verhindert. Die Kommunikation ist unecht.	Ehrliche Wahrnehmung und Rückmeldungen sind erwünscht.
Der Gesprächspartner wird zu etwas gezwungen.	Das Gegenüber hat Entscheidungsfreiheit.
Der Manipulierte wird ausgenutzt. Er muss etwas geben.	Der Überzeugte fühlt sich ernst genommen und wertgeschätzt. Er bekommt etwas.
An eingefahrenen Bahnen wird festgehalten.	Ideen, Veränderungen und Kreativität entstehen im lebendigen Austausch.
Die Beziehung wird langfristig zerstört.	Die Beziehung festigt sich.
Das Selbstbewusstsein des Manipulators ist im Kern schlecht, da persönliche Weiterentwicklung nur im Kontakt mit anderen möglich ist. Wer manipuliert, ist unfähig, neue Erfahrungen zu machen.	Das Selbstbewusstsein desjenigen, der überzeugt, ist gut. Er lernt auch von seinem Gegenüber etwas.

Abbildung 8: Unterschied Manipulieren/Überzeugen

Mit den letzten Aussagen unter den beiden Überschriften tue ich mich etwas schwer, weil ich die Einteilungen in ›gut‹ und ›schlecht‹ als wertend empfinde. Ich würde diese beiden Begriffe eher durch ›ausgeprägt‹ und ›noch entwicklungsfähig‹ ersetzen. Ebenso würde ich den Satz: ›Wer manipuliert, ist unfähig, neue Erfahrungen zu machen‹ ersetzen durch: ›Der Manipulator begrenzt sich in seinen Möglichkeiten, neue Erfahrungen zu machen.‹

Doch unabhängig von der Wortwahl ist es auch für mich wichtig, zu ent- und unterscheiden, ob ich eine andere Person auf subtile Weise dazu bringen möchte, meine Vorstellungen und Wünsche zu erfüllen. Oder gibt es einen Verhandlungsspielraum, in den beide ihre Vorstellungen und Bedürfnisse einbringen können?

Mir wird immer mehr bewusst, wie sehr wir alle von unserem Umfeld und unserer Erziehung geprägt sind. In letzter Zeit bringe ich ein bisschen mehr Verständnis auf, indem ich mir sage, dass der Manipulator, die Person, die mich zu manipulieren versucht, es so gelernt hat und so geprägt ist. Deshalb ist es wichtig, dass wir als Erwachsene unsere alten Muster hinterfragen und uns selbst reflektieren, für uns allein oder mit Unterstützung anderer. Wir können immer dazulernen und jederzeit unser Verhalten ändern – wenn wir nur wollen!

Liebe Frau Wagner, damit sind wir wieder bei uns selbst angekommen. Ich weiß, dass es heute sehr viel war. Wie fühlen Sie sich?«

»Ein wenig erschlagen von dieser Fülle an Informationen. Auf der anderen Seite bin ich froh, dass wir heute den ganzen Themenkomplex besprochen haben. Ich werde schauen, womit ich bis zum nächsten Termin schon etwas anfangen kann und wobei ich noch Unterstützung benötige, okay?«

»Ja, sicher, bis zum nächsten Mal alles Gute.«

Auf der Fahrt nach Hause schwirrte Daniela der Kopf. Diese Sitzung heute war doch eher so gewesen, wie sie es aus Seminaren kannte: eine Flut von Informationen, keine Zeit zum Üben oder Anwenden. Sie fragte sich, ob sie Frau Rosenblatt hätte stoppen sollen. Hatte sie sich wieder mal nicht getraut, Nein zu sagen? Hatte sich Frau Rosenblatt durchgesetzt? Daniela beschloss, das beim nächsten Termin anzusprechen und überhaupt mehr auf ihr Bauchgefühl zu achten.

6. DEIN NEIN SEI EIN NEIN

Daniela war die Arbeitsblätter zur letzten Sitzung mit Frau Rosenblatt noch einmal in Ruhe durchgegangen. Sie entdeckte vieles, was für sie in der Menge der Informationen untergegangen war, und kennzeichnete die Stellen, die sie wichtig oder auch nur interessant fand, mit einem Marker. Nun war sie auf dem Weg zum nächsten Coaching-Termin und spürte, wie ihr Ärger wieder hochkam. Ja, sie hatte sich überfordert gefühlt und würde das auch ansprechen.

»Wie geht es Ihnen heute?«, fragte Frau Rosenblatt, als sie einander gegenübersaßen.

»Nach der letzten Sitzung war ich, ehrlich gesagt, ziemlich verärgert. Sie haben einfach Ihr Programm durchgezogen, obwohl es zu viel für mich war! Ich bin immer noch sauer! Bei einem Coaching mit einer erfahrenen Person wie Ihnen hätte ich das nicht erwartet. Ich dachte, Sie wären empathischer.«

»Es tut mir leid, dass Sie sich beim letzten Mal von mir überrumpelt gefühlt haben. Und ich bin froh, dass Sie das auch ansprechen. Ich finde es prima, dass Sie Ihrem Ärger Luft machen.«

Daniela runzelte fragend die Stirn. Meinte sie das jetzt ernst oder ironisch?

»Ich meine das ernst«, sagte Frau Rosenblatt, »und zwar aus mehreren Gründen. Zum einen weiß ich selbst, wie wichtig es ist, seinem Unmut dort und bei den Personen Ausdruck zu geben, wo er hingehört. Wenn Sie mögen, können wir gleich noch auf das Thema Feedback zu sprechen kommen, wie wir lernen, einer anderen Person eine Rückmeldung zu ihrem Verhalten zu geben. Doch nun bleibe ich erst mal bei Ihrem Ärger. Meine nächste Frage mag Ihnen etwas provokant erscheinen: Glauben Sie, dass ich Sie bei der letzten Sitzung ärgern wollte?«

»Äh, so habe ich das nicht gemeint ...«, stotterte Daniela, »... ich fand es nur einfach zu viel für eine Sitzung ... und ob ich das alles je brauchen werde ...«

»Frau Wagner, aus meiner Sicht brauchen Sie jetzt keinen Rückzieher zu machen. Bitte spüren Sie Ihrem Ärger noch einmal genau nach. Gibt es in Ihrem Leben oder während eines Arbeitstages Situationen, in denen Sie Ja sagen, aber innerlich lieber Nein sagen würden – kann das sein?«

»Ja, ja, da haben Sie recht, das passiert mir häufiger.«

»Gut, Frau Wagner. Dann werden wir heute zunächst an diesen Gefühlen arbeiten, was mehr in Richtung Coaching geht. Als ich Ihnen die Modelle und Techniken vorgestellt habe, hatte das ja mehr den Charakter eines Einzelseminars.«

Daniela erschrak. Musste sie nun über ihre tiefsten Gefühle sprechen? Da waren ihr die theoretischen Dinge doch lieber!

»Gibt es etwas, wo Sie sich im Nachhinein ärgern, weil sie Ja gesagt haben?«, fragte Frau Rosenblatt.

»Das passiert mir regelmäßig mit meiner Kollegin Angelika. Sie kommt öfters zu mir, wenn sie eine PowerPoint-Präsentation vorbereiten soll, weil ich in der Firma anscheinend als Expertin dafür gelte. Hilfsbereitschaft ist für mich eine wichtige Eigenschaft unter Kollegen und Kolleginnen, also höre ich ihr erst mal zu. Oft geht es um Grafiken und Animationen, mit denen sie ihre Präsentationen aufpeppen will. Ich fange dann an, ihr zu erklären, wie man so was einfügt, und merke gleichzeitig, dass sie unruhig wird. Meist sagt sie dann: ›Bei dir geht das doch viel schneller, und du bist hier bei uns die Expertin dafür, kannst du es nicht bitte für mich machen?‹ Da auch ich häufig in Zeitnot bin, stimme ich fast immer zu, denn ich finde es mühsam, Angelika etwas zu erklären. Sie braucht ewig, bis sie was versteht!«

Frau Rosenblatt hatte aufmerksam zugehört. »Und wie fühlen Sie sich dabei?«

»Sehr zwiegespalten. Einerseits tut es mir gut, wenn Angelika sagt, dass ich die Expertin bin, andererseits kostet es mich viel Zeit – auch wenn knifflige Details bei PowerPoint-Präsentationen zu meinen Lieblingstätigkeiten gehören. Manchmal bin ich hinterher wütend auf mich selbst, dass ich mich wieder von Angelika habe bequatschen lassen. Oft sehe ich ihr Auto vom Parkplatz fahren, wenn ich abends länger arbeite, um meine anderen Aufgaben zu erledigen. Das ärgert mich dann sehr. Aber zum Glück wartet ja niemand zu Hause auf mich, da ist es nicht so wichtig, wann ich nach Hause komme.«

»Frau Wagner, auch wenn es heute einige Themen gibt, an denen wir arbeiten könnten, möchte ich doch bei Ihrem Ärger bleiben. Wann merken Sie, dass bei Ihnen Ärger hochsteigt, und in welchem Bereich Ihres Körpers spüren sie ihn?«

»Meist fange ich schon an, mich zu ärgern, wenn Angelika ins Büro kommt. Sie schwebt mit ihrem zuckersüßen Lächeln herein, und ich denke sofort: ›Die will wieder was von mir!‹ Dann erzählt sie, wobei sie sich Unterstützung wünscht. Aber kaum habe ich mit meinen Erklärungen angefangen, erklärt sie, das sei ihr zu kompliziert. Ich könne das sowieso viel besser als sie und solle es gleich selbst machen. Das ginge viel schneller, als wenn ich ihr alles erklären würde. Das stimmt, wie gesagt. Meist flötet sie, bevor sie entschwindet: ›Daniela, du bist ein Schatz, was wäre ich nur ohne dich – und der nächste Kaffee geht auf mich!‹ An dieser Stelle bin ich dann meist schon so genervt, dass ich wirklich froh bin, wenn ich sie los bin und die Sachen in Ruhe fertigmachen kann. Wenn ich ihr dann die Sachen schicke, kommt meist ein kurzes ›Danke, aber kannst du das und das noch ändern?‹, und einen Kaffee hat sie noch nie bezahlt. Mir gehen Leute auf die Nerven, die immer nur nehmen und nie geben!«

»Es kann sein, dass Sie das Folgende nicht gerne hören werden, Frau

Wagner, was ich während meiner Ausbildung erlebt habe. Ich war wieder einmal dabei zu jammern und mich zu beklagen, da sagte eine Kollegin zu mir: ›Es gehören immer zwei dazu – einer, der macht, und einer, der das mit sich machen lässt.‹ Ich war entrüstet. Mir wurde übel mitgespielt, und dann musste ich mir auch noch diesen Satz anhören, getreu dem Motto: ›Wer den Schaden hat, braucht für den Spott nicht zu sorgen.‹ Ich war außer mir vor Wut. Im Rückblick weiß ich, dass dieser Satz mein Leben verändert hat. Heute bin ich dankbar dafür, und das ist auch der Grund, warum ich vorhin gesagt habe, dass es gut ist, seinen Ärger kundzutun.«

»Und wie ging es dann bei Ihnen weiter, Frau Rosenblatt?«

»Ich hatte damals eine Bekannte, die ich sehr oft unterstützte, zum Beispiel bei Einladungen oder Weihnachtskarten. Ich habe die am PC selbst gestaltet und ausgedruckt. Meine Bekannte sprach ungefähr so mit mir wie Angelika mit Ihnen. Nach diesem Satz von der Kollegin fiel mir auf, dass ich es auch ›mit mir machen‹ ließ. Ich habe mir dann die Zeit genommen, es mit ihr am PC durchzugehen, und sie gebeten, allein weiterzumachen. Bei Fragen könne sie gerne zukommen. Tatsächlich fand ich nach einer Weile eine Einladung von ihr im Briefkasten, die sie ganz allein fertiggestellt hatte. Noch heute schickt sie mir selbst gestaltete Weihnachtsgrüße. Aber abgesehen davon habe ich mich auch an anderen Stellen immer wieder gefragt, ob ich etwas ›mit mir machen‹ lasse. Das ist wieder so ein Muster aus der Kindheit, immer schön brav zu tun, worum man gebeten ...«

»Ja, das kenne ich gut!«, unterbrach sie Daniela. »Das ist heute noch so, wenn ich mit meiner Mutter telefoniere. Wenn ich sage, dass ich keine Zeit hätte oder mir etwas zu viel würde, bekomme ich oft zu hören, dass das für mich doch eigentlich kein Problem sein dürfte.« Daniela lehnte sich zurück. Ihr wurde bewusst, dass sie zum ersten Mal etwas aus ihrem Privatleben erzählt hatte. Sie hoffte, dass Frau Rosenblatt sich nicht direkt darauf stürzen und sie nach ihrer Kindheit fragen würde.

»Wenn ich Sie richtig verstanden habe, spüren Sie den Ärger in Ihrem

Bauch bereits, wenn die Kollegin Angelika mit diesem gewissen Lächeln durch die Tür tritt.«

»Ja, mittlerweile reicht es schon, dass sie überhaupt erscheint. Amelie, eine andere Kollegin, hat mir nämlich erzählt, dass Angelika regelmäßig das ganze Lob für ihre Präsentationen selbst einheimst und nicht sagt, dass ich ihr geholfen habe. Ist das nicht unverschämt?«

»Ich kann gut nachvollziehen, dass Sie das ärgert. Und bei Ihrem Ärger möchte ich immer noch bleiben. Was hindert Sie daran, Angelika zu sagen, dass Sie keine Zeit haben, Sie zu unterstützen?«

»Ich möchte nicht, dass sie schlecht über mich redet oder denkt. Deshalb mache ich lieber die Faust in der Tasche«, sagte Daniela.

»Okay, bleiben wir bei Ihrem Ärger. An welcher Stelle möchten Sie Angelika am liebsten sagen, dass sie die Grafiken für die PowerPoint-Präsentation allein machen soll?«

»Am liebsten sofort. Sobald Sie anfängt zu reden, möchte ich ihr am liebsten sagen: ›Mach doch deinen Sch... allein!‹ Aber das traue ich mich nicht.«

»Woher wollen Sie wissen, dass Angelika positiv über Sie spricht, wenn Sie sie unterstützen?«

»Das ist eine gute Frage. Letztens habe ich durch Zufall mitbekommen, wie sie zu einer anderen Kollegin sagte, dass diese mir auch ihre PowerPoint-Präsentationen geben könne, ich würde ja brav immer das machen, was sie mir sagt. Können Sie sich vorstellen, wie wütend ich war?«

»Ja, das kann ich gut nachvollziehen. Kommen wir noch einmal auf Ihren Ärger über mich zu sprechen. Bitte lassen Sie die letzte Sitzung noch einmal vor Ihrem geistigen Auge ablaufen. An welcher Stelle haben Sie zum ersten Mal diese Warnlampe im Bauch gespürt, die sie darauf hingewiesen hat, dass Sie besser Nein sagen oder mich stoppen sollten?«

»Das kann ich gar nicht so genau sagen, weil ich es ja auch interessant fand ... Aber ich glaube, das war so beim Punkt der Einwandbehandlung. Ich glaube, ich hätte lieber noch ein paar Erwiderungen auf Killerphrasen mit Ihnen geübt.«

»Gut. Ich schlage Folgendes vor: Wir vereinbaren, dass Sie sich demnächst bei meinen Fragen Zeit nehmen, in sich hineinzuhorchen, und ich lasse Ihnen die Zeit, zu spüren, was in diesem Moment gut für Sie ist. Was meinen Sie?«

Frau Rosenblatt schwieg und sah Daniela an, als wollte sie sagen: »Bitte nehmen Sie sich jetzt die Zeit, die Sie brauchen.«

»Ich kann es versuchen. Mein Problem ist, dass ich das häufig erst merke, wenn es zu spät ist. Manchmal schlagen zwei Herzen in meiner Brust, und ich kann mich nicht so schnell entscheiden, wie ich müsste. Schließlich bezahlt meine Firma viel Geld für meine Sitzungen, und da will ich natürlich auch so viel wie möglich für mich mitnehmen und nicht schweigend hier sitzen und über meine Gefühle nachdenken.«

»Auch diese Entscheidung liegt bei Ihnen. Da fällt mir wieder die CD ein – ›Die Entscheidung liegt bei dir‹ –, die ich schon mal erwähnt habe. Jede Entscheidung hat ihren Preis – und wenn wir nicht oder nichts entscheiden, heißt das, dass alles beim Alten bleibt, der Status quo ändert sich nicht. Und damit möchte ich noch einmal auf Ihren Ärger zurückkommen. Meine Bitte an Sie ist, dass Sie mir Bescheid geben, wenn Ihr Bauchgefühl Ihnen ein Zeichen gibt. Zum einen liegt mir daran, dass Sie aufmerksamer für Ihre körpersprachlichen Signale werden, zum anderen möchte ich genau solche Themen im Coaching mit Ihnen bearbeiten.«

»Da habe ich direkt etwas. Ärger hat bei mir Ihr Satz ausgelöst, dass immer zwei beteiligt sind. Darüber möchte ich noch in Ruhe nachdenken. Aber was mache ich mit Angelika, wenn sie das nächste Mal in der Tür steht und erwartet, dass ich ihr wieder bei einer PowerPoint-Präsentation helfe?«

»Da gibt es zwei Möglichkeiten«, sagte Frau Rosenblatt. »Die eine ist, Sie sagen einfach und bestimmt Nein. Die andere ist, Angelika in einer ruhigen Viertelstunde darauf anzusprechen, wie Sie ihr Verhalten empfinden. Das nennt man **Metakommunikation**. Wenn Sie mögen, sprechen wir über diese beiden Möglichkeiten. Und zum Abschluss der Sitzung üben wir, welche Sätze Sie zu Angelika sagen können. Was meinen Sie?«

»Aus Ihrem Mund hört es sich immer so einfach an, Nein zu sagen. Das andere klingt für mich deutlich komplizierter. Wie soll ich da entscheiden?«

»Dann mache ich Ihnen einen anderen Vorschlag. Wir fahren heute ganz praktisch fort und sehen uns das in einem Rollenspiel an.«

»Ein Rollenspiel? ... Und das soll funktionieren? Sie haben mir ja schon einiges über Rollenspiele erzählt, aber gerade kann ich mir nur schwer vorstellen, was mir das für Erkenntnisse bringen soll.«

»Meine konkrete Vorstellung davon ist, dass Sie die Rolle von Angelika übernehmen und ich Ihre. Es reicht schon eine kurze Sequenz. Ich schlage vor, dass wir es ausprobieren. Sie können mir dann immer noch eine Rückmeldung geben, wie erkenntnisreich es für Sie war.«

»Na, gut, wenn Sie meinen. Sie sind die Fachfrau, und schließlich will ich mutiger werden. Mir scheint, auch das kann ich hier gut üben. Los geht's, was muss ich tun?«

»Am besten gehen wir zu meinem Schreibtisch hinüber und stellen uns vor, das sei Ihr Arbeitsplatz. Ich setze mich hin und tue so, als ob ich intensiv am PC arbeite. Sie kommen als Angelika herein und verhalten sich so, wie Sie es von Angelika gewohnt sind. Ich verhalte mich so, wie ich es gerade von Ihnen verstanden habe, okay?«

»Gut, dann komme ich jetzt als Angelika herein!«

Daniela ging forsch auf Frau Rosenblatt zu und flötete. »Hallo, liebe Daniela, wie geht es dir?«

»Alles prima«, antwortete Frau Rosenblatt in Danielas Rolle.

»Du, Daniela«, fuhr Daniela in der Rolle von Angelika fort, »ich muss mal wieder eine Präsentation vorbereiten. Diesmal will mein Chef, dass ich für die Sitzung mit unseren Eigentümern eine ganz besonders tolle Präsentation vorbereite, in der unsere ganze Dynamik rüberkommt. Du bist doch unsere absolute Expertin in PowerPoint im Unternehmen, kannst du mir dabei helfen?«

»Ja, klar, ich unterstütze dich gerne. Was brauchst du denn?«, fragte Frau Rosenblatt in der Rolle von Daniela.

»Ach, so ganz genau weiß ich das auch noch nicht. Ich habe mir überlegt, dass wir unsere Unternehmensziele für das kommende Jahr als Zielscheibe darstellen. Und als Knüller kommen dann zum Jahresende die Pfeile mit den erreichten Umsatzzahlen hereingeflogen und treffen alle ins Schwarze, am besten noch mit einem Super-Sound. Das bekommst du doch hin, oder?«, fragte Daniela in der Rolle von Angelika.

»Grundsätzlich ist das machbar. Ich habe heute nach unserer Mittagspause ein bisschen Zeit, da kann ich dir schon ein paar Dinge zeigen, die dir weiterhelfen könnten«, antwortete Frau Rosenblatt in Danielas Rolle.

»Hm«, antwortete Daniela in Angelikas Rolle, »das ist blöd, da hab ich ein Meeting. Könntest du vielleicht schon mal anfangen? Ich komme später dazu, aber du kannst das sowieso viel besser als ich. Wenn du eine Präsentation machst, weiß ich, dass es immer absolut professionell rüberkommt, das ist genau das, was unsere Eigentümer sehen wollen!«

»Okay, Angelika, ich werde schauen, was sich machen lässt.«

»Du bist ein Schatz, Daniela! Ich komme vorbei, sobald das Meeting zu Ende ist, schließlich ist die Sitzung schon übermorgen – und der nächste Kaffee geht auf mich, Ciao.«

Frau Rosenblatt in der Rolle von Daniela hauchte noch ein kurzes »Bis dann …«, aber Daniela in der Rolle von Angelika war schon zur vermeintlichen Tür hinausgeflitzt.

»Vielleicht wissen Sie jetzt, was ich meine«, sagte Daniela. »So einfach ist das nicht mit dem Neinsagen, Sie haben es ja auch nicht hinbekommen.«

»Ja, Frau Wagner, in Ihrer Rolle, so wie ich sie zurzeit verstanden habe, war dafür noch kein Platz.« Das *noch* betonte Frau Rosenblatt ganz besonders. »Mich interessiert aber erst mal, wie haben Sie sich in der Rolle von Angelika gefühlt?«

»Das war cool, ich hab mich richtig gut gefühlt und hatte den Eindruck, dass ich mich super darauf verlassen kann, dass Daniela schon wieder was Gutes für mich und meine Präsentation zaubern wird«, antwortete Daniela. »Aber warum haben wir das Rollenspiel mit verteilten Rollen durchgeführt? Schließlich soll *ich* doch lernen, Nein zu sagen.«

»Das sehen Sie richtig, Frau Wagner. Es ist oft hilfreich, in die andere Rolle hineinzuschlüpfen, um zu erkennen, wie die andere Person sich fühlt. Hatten Sie den Eindruck, dass ich es in der Rolle der Daniela Angelika leicht oder schwer gemacht habe?«

»Das fand ich total easy. Ich fand Sie als Daniela weich wie Butter. Ob ich wirklich so weich bin ...?«

»Das kann ich Ihnen nicht beantworten, wobei ich schon vermute, dass Sie so wirken. Es kann einfach sein, dass Sie es so kennen, dass man möglichst immer Ja sagen sollte, um ja nicht anzuecken. Sich von solchen Verhaltensweisen zu trennen, kann etwas dauern.«

»Oh je«, seufzte Daniela. »Und was mache ich jetzt?«

»Jetzt versetzen Sie sich bitte noch einmal in die Rolle von Angelika. Spüren Sie einmal in sich hinein. War Angelika mit dem Ziel gekommen, sich unterstützen zu lassen oder die Arbeit an Daniela abzuschieben?«

»Die wollte die Arbeit nur abschieben, wie immer. Letztens war das auch so. Da hatte sie mir auch was von einem Meeting erzählt, das bestand dann darin, dass sie im Anschluss ans Mittagessen noch mit dem neuen jungen Kollegen draußen spazieren gegangen ist, während ich schon an ihrer Präsentation gearbeitet habe. Ich hätte ihr die Augen auskratzen können – und aufgetaucht ist sie erst kurz vor Feierabend, da hatte ich schon fast alles fertig, schließlich war die Sitzung ja auch am übernächsten Tag!«

»Ja, aus meiner Sicht kann Angelika andere gut unter Druck setzen. Bitte erinnern Sie sich kurz an den Satz: ›Es gibt immer zwei: eine, die etwas macht, und die andere, die etwas mit sich machen lässt.‹ Sehen

Sie die Parallelen?«

»Jetzt, wo Sie es sagen«, sagte Daniela. »Ich reagiere meist so, wie Sie es auch in dem Rollenspiel getan haben. Und in der Rolle von Angelika hatte ich den Eindruck, wirklich leichtes Spiel zu haben. Aber was soll ich nur machen?«

»Ich schlage vor, dass Sie nun Ihre Rolle übernehmen mit dem Ziel, es Angelika nicht ganz so leicht zu machen. Ich stelle Ihnen ein paar Möglichkeiten zur Verfügung, wie Sie reagieren können, und Sie wählen im Rollenspiel diejenige aus, die für Sie passend ist.«

»Muss das sein? Können Sie nicht noch mal die Rolle von mir übernehmen und mir vormachen, was ich tun könnte?«

»Das geht auch, der Lerneffekt ist ein anderer, aber wir können es gerne so machen.«

»Prima, dann komme ich gleich wieder als Angelika zur Tür hereingeschwebt ...«

Wieder flötete Daniela als Angelika ihren Tagesgruß und trug ihr Anliegen vor.

Frau Rosenblatt in der Rolle von Daniela sah auf und schaute Daniela in der Rolle von Angelika direkt in die Augen. »Vielen Dank für dein Kompliment. Wenn du ein paar konkrete Tipps benötigst, die kann ich dir geben.« Frau Rosenblatt hielt immer noch Blickkontakt und fuhr fort: »Wenn du heute Nachmittag mit deiner vorbereiteten Präsentation auf einem Stick zu mir kommst, kann ich dir rund zehn Minuten zur Verfügung stellen, in denen ich deine konkreten Fragen beantworte. Um drei habe ich Zeit dafür. Bitte sei pünktlich, ich habe um 15:15 Uhr meinen nächsten Termin.«

Daniela in der Rolle von Angelika war perplex und stammelte: »Aber sonst hast du doch immer viel mehr Zeit für mich gehabt und mich viel mehr unterstützt. Das finde ich unfair von dir!«

»Angelika«, sagte Frau Rosenblatt in der Rolle von Daniela, wobei sie Daniela/Angelika fest in die Augen sah »Diese Zeit kann ich dir gerne zur Verfügung stellen, aber mehr Zeit habe ich heute nicht.«

»Ja, aber, Daniela«, versuchte es Daniela in der Rolle von Angelika noch einmal, »ich brauche die Präsentation bis übermorgen, du bist meine letzte Hoffnung, dass ich das noch hinbekomme.«

»Gut, dann denke ich, dass du die Zeit bis zu unserem Termin um 15 Uhr so nutzen kannst, dass wir alle deine Fragen in zehn Minuten geklärt haben werden. Bis später, Angelika.« Frau Rosenblatt in der Rolle von Daniela wandte ihren Blick von Daniela/Angelika ab und konzentrierte sich wieder auf ihre Arbeit.

»Aber«, entfuhr es Daniela, »so kann ich doch nicht mit Angelika reden. Was soll sie denn von mir denken?«

»Es liegt bei Ihnen, wofür Sie sich entscheiden, Frau Wagner. Und in dieser Variante habe ich in Ihrer Rolle der Kollegin ja sogar noch ein Zeitfenster zur Verfügung gestellt und nicht komplett Nein gesagt.«

»Das stimmt. Und in der Rolle von Angelika habe ich auch so etwas wie Hochachtung gespürt und gedacht: ›Die Frau weiß, was sie will‹, und das hat mir imponiert.«

»Das freut mich sehr zu hören, Frau Wagner. Was halten Sie davon, wenn wir das Rollenspiel noch einmal so üben, dass Sie Ihre eigene Rolle übernehmen und ich die von Angelika? Anschließend können wir dann noch über die Metakommunikation sprechen.«

Daniela nickte, und so übten die beiden Frauen, wie Daniela sich künftig verhalten könnte.

»Prima, Frau Wagner«, lobte sie Frau Rosenblatt. »Ich finde, Sie machen große Fortschritte. Dann sehen wir uns jetzt noch das Thema der Metakommunikation an. Es kann hilfreich sein, um sich in solchen Situationen darüber zu unterhalten, wie die Kommunikation ankommt. Nur Metakommunikation allein nützt oft nicht viel, wenn man nicht auch sein eigenes Verhalten entsprechend verändert, aber das haben wir ja jetzt geübt.«

»Dann schießen Sie mal los!«

Wie immer begann Frau Rosenblatt damit, dass sie Daniela ein Arbeitsblatt mit entsprechenden Fokusfragen gab.

FOKUSFRAGEN zur Metakommunikation:

• Wie oft habe ich mich schon mit anderen über unsere
  Art zu kommunizieren unterhalten?

• Mit wem habe ich solche Gespräche geführt?

• Wie gelungen habe ich diese empfunden?

Metakommunikation – über die Kommunikation sprechen

»Immer wenn wir das Gefühl haben, dass unsere Kommunikation zu Missverständnissen oder Irritationen geführt hat, können wir uns dazu mit unserem Gesprächspartner auf der Metaebene austauschen. Hierfür ist es gut, sich etwas Zeit zu nehmen und dem Gesprächspartner zu vermitteln, was seine Worte bei einem ausgelöst haben. Hier können die Feedback-Regeln wertvolle Anregungen liefern. Ebenso hilfreich sind einige Kommunikationstechniken, wie zum Beispiel Ich-Botschaften.

Ziel der Metakommunikation ist es, dem anderen die eigene Sichtweise zur Verfügung zu stellen. Wir gehen davon aus, dass unsere Sicht der Welt und der Dinge die einzig Wahre ist. Das ist richtig, doch nur in Bezug auf jeden Einzelnen von uns. Für mich ist die Sicht auf die Dinge meine ›wahre‹ Sicht. Doch wie wir schon an der schönen Grafik mit der auf dem Boden liegenden 6 beziehungsweise 9 gesehen haben, sprechen und handeln wir alle aus der jeweils eigenen Sicht. Wie schnell sind wir dabei, die Sicht des anderen als ›falsch‹ abzutun? Ich frage mich häufig, ob es ein typisch deutsches Phänomen ist, dass wir immer recht haben wollen. Es gibt andere Kulturen, in denen Wahrheit ein dehnbarer Begriff ist. Wahrheit kann sich in diesem Verständnis ändern, abhängig von Personen, Zusammenhängen und zeitlicher Entwicklung. In einigen Ländern sind die in der Schule verkündeten Lehrinhalte die persönliche Weisheit des Lehrenden, in anderen Ländern sind Lehrinhalte in der Schule vom Stoff losgelöste Wahrheit. Wir Deutsche haben in solchen Fällen das Gefühl, die anderen würden die Wahrheit verbiegen – aus der Sicht der anderen passen sie die Wahrheit den sich ändernden Gegebenheiten an. Und Menschen, die so sozialisiert sind, dass sie die Wahrheit den Bedingungen, die sie gerade antreffen, anpassen, haben auch kein sogenanntes ›Unrechtsbewusstsein‹, weil sie ja so handeln, wie sie es von Kindesbeinen an gewöhnt sind.

Auch in einem solchen Fall kann Metakommunikation nützlich sein. Wir können uns darüber austauschen, wie ›unumstößlich‹ unsere eigene Wahrheit ist. Zur Verdeutlichung ein kleines Beispiel: In Deutschland sind wir es gewohnt, an einer roten Ampel stehen zu bleiben, auch mitten in der Nacht, wenn außer uns niemand unterwegs ist. In den meisten anderen Ländern ist es völlig normal, nachts über die rote Ampel zu fahren. Dort handelt man eher situationsangepasst. Und wenn nachts kein anderes Auto kommt, fährt man einfach weiter, ohne das Gefühl zu haben, etwas Verbotenes zu tun.

Darin besteht oft die Herausforderung in der Metakommunikation. Für mich kann die Kommunikation mit einer anderen Person ein Problem darstellen, für den anderen ist es eventuell völlig normal, dass er oder sie in einem Ton mit mir spricht, bei dem ich mich nicht wohlfühle.

Und nun wird es bei der Metakommunikation spannend: Je nachdem wie ich ein solches Gespräch beginne, kann es sein, dass die andere Person sich angegriffen fühlt. Dies kann den sogenannten **Regressionseffekt** auslösen. Das geschieht, wenn eine Person sich in die Ecke gedrängt fühlt, zum Beispiel durch Beschimpfungen, Lächerlichmachen oder wenn sie sich an frühere Misserfolge erinnert fühlt. Es gibt die drei schon besprochenen möglichen Reaktionen darauf: Angriff, Flucht oder Erstarrung.

Wenn wir uns nun im Gespräch angegriffen fühlen, kann es sein, dass wir ebenfalls zum Gegenangriff übergehen, nach dem Motto: ›Angriff ist die beste Verteidigung.‹ In unserem Beispiel kann das bedeuten, dass der Kollege, dem ich mitteilen will, dass ich seinen Ton oft als ruppig empfinde, zu mir sagt: ›Stell dich nicht so an! Sei doch nicht so empfindlich!‹ So kann es passieren, dass ich direkt einen Rückzieher mache und den Fehler bei mir suche – ein Beispiel für misslungene Metakommunikation. Da fällt mir ein wunderbares Buch ein, das ich vor Kurzem gelesen habe: ›Zart im Nehmen‹ von Kathrin Sost.[24] Die Autorin beschreibt darin, wie unterschiedlich sensibel wir auf solche aus dem Angriff gesprochenen Sätze reagieren.

Bei einer gelungenen Metakommunikation orientiere ich mich stark an den Feedback-Regeln. Zunächst frage ich die andere Person, ob sie Zeit für mich hat. Wenn sie bejaht, sage ich ihr, dass mich etwas beschäftigt, das ich ihr gerne mitteilen möchte. Danach sende ich eine Ich-Botschaft, zum Beispiel: ›In unserem Gespräch gestern habe ich deine Kommunikation als schroff empfunden und mich dadurch abgelehnt gefühlt.‹ In einer Metakommunikation – im Gegensatz zu einem reinen Feedback – schließe ich dann auch direkt noch eine Frage an wie: ›Wie hast du unser Gespräch empfunden?‹, denn ich möchte mich ja mit der Person über unsere Kommunikation austauschen. Oft höre ich dann: ›Ich war gestern so in Eile ... total im Stress ...‹ Ein solches Gespräch entwickelt sich häufig in die Richtung, dass diese Person das schon öfter gehört hat, oder dass sie künftig mehr darauf achten will, wie sie kommuniziert, wenn sie in Eile ist, und so weiter. Im besten Fall lernen beide Seiten etwas über ihre eigenen Verhaltensweisen und ihre Art zu kommunizieren. Dadurch können wir unser Selbstbild mit einer weiteren Facette des Fremdbildes abgleichen.
Denken Sie bitte einen Moment nach, Frau Wagner. Wie oft haben Sie schon das Gespräch mit einer anderen Person gesucht, in dem Sie sich über die Art und Weise Ihrer Kommunikation unterhalten haben? Auch wenn es am Anfang mühsam erscheint – es lohnt sich und hat aus meiner Sicht mehrere positive Aspekte.

- gibt ein Feedback zum eigenen Kommunikationsverhalten,
- kann Konflikte verhindern,
- trägt zum eigenen Wachstum bei und

- verhindert, dass sich Ärger auf den andern in uns aufstaut.

Metakommunikation kann nicht alle kommunikativen Herausforderungen lösen. Wir werden öfter zu hören bekommen: ›Ich bin halt so!‹, gefolgt von: ›Und du willst mich doch nicht ändern?!‹. Dennoch ist es jedes Mal aufschlussreich, die Position eines anderen Menschen kennengelernt zu haben. Manchmal gehe ich aus solchen Gesprächen und denke: ›So kann man das auch sehen.‹ An dieser Stelle kommt mir der Satz von Stephen Covey[25] in den Sinn: *Seek first to understand than to be understood* – Bemühe dich mehr darum, zu verstehen, als darum, verstanden zu werden. Auf diese Art habe ich schon viel Neues gelernt und erfahren, wofür ich meinen Gesprächspartnerinnen und Gesprächspartnern dankbar bin.« Frau Rosenblatt machte eine kurze Pause. »So weit die Theorie. Frau Wagner, es kann sein, dass es Angelika gar nicht bewusst ist, dass Sie sich von ihr überfahren fühlen, weil Sie es ihr – wie Sie es ja im Rollenspiel selbst gespürt haben – recht leicht machen. Möglicherweise wird die Einsicht bei Ihrer Kollegin Angelika erst wachsen, wenn sie sieht, dass Sie auch Ihr Verhalten verändert haben.«

»Vielen Dank, Frau Rosenblatt. Das mit der Metakommunikation fand ich wieder etwas kompliziert, aber die Rollenspiele waren sehr erhellend. Ich werde beim nächsten Termin berichten, wie es weitergegangen ist. Ach, ja, eins hätte ich fast vergessen. Sie haben von Feedback und den Regeln dazu gesprochen. Davon habe ich zwar schon gehört, wenn wir in Seminaren Präsentationen vorgestellt haben, aber so richtig hat mir das noch nie jemand erklärt. Könnten wir uns das beim nächsten Termin mal genauer vornehmen?«

»Das machen wir. Alles Gute, Frau Wagner, und bis zum nächsten Mal!«

7. FEEDBACK – WIE SAG ICH ES, WENN'S MIR NICHT PASST?

Daniela war sehr gespannt, als sie zu ihrem nächsten Termin mit Frau Rosenblatt fuhr. Ganz so gut wie sie es im Coaching geübt hatten, hatte es mit Angelika nicht geklappt. Und das, was Frau Rosenblatt Metakommunikation nannte, war gründlich schiefgegangen. Während der Autofahrt dachte Daniela darüber nach, dass ein Coaching ja doch viel Positives hatte. Wenn etwas nicht so recht geklappt hatte, konnte man beim nächsten Termin weiter daran arbeiten. Aber warum war das alles so schwierig? Warum konnten sich nicht einfach die anderen ändern? Sie dachte an den Zufriedenheitstest aus der ersten Sitzung. Momentan war sie nicht besonders zufrieden. Wenn sie genau in sich hineinhorchte, musste sie allerdings auch zugeben, dass es einige Bereiche gab, in denen sie kleine Erfolge zu verzeichnen meinte. In Gedanken verschob sie das Kreuzchen auf der entsprechenden Skala ein klein wenig nach links.

Nachdem Frau Rosenblatt die übliche Frage nach dem Thema gestellt hatte, über das sie in dieser Sitzung sprechen sollten, teilte Daniela ihr diese Gefühle und Gedanken mit.

»Ja ...«, sagte Frau Rosenblatt und seufzte. »Veränderungen brauchen eben ihre Zeit. Bei Dingen, die wir uns über Jahre und Jahrzehnte angewöhnt haben, dauert es lange, bis wir sie uns abgewöhnt oder uns umgewöhnt haben. Wichtig ist bei alldem, mit uns selbst in Kontakt zu kommen und zu bleiben, um so ein besseres Gefühl für die eigene Zufriedenheit zu erlangen, zu spüren, wann wir im Frieden mit uns sind. Das fängt immer bei uns selbst an. Kennen Sie dieses chinesische Sprichwort?« Sie deutete auf einen gerahmten Spruch an der Wand.

›Wenn du dein Land ändern willst, musst du erst einmal dein Dorf ändern, wenn du dein Dorf ändern willst, musst du erst einmal deine Familie ändern, und wenn du deine Familie ändern willst, musst du erst einmal dich selbst ändern. - Chinesisches Sprichwort.‹

Darunter stand noch ein weiterer Spruch:
›Herr, lass Frieden überall auf Erden kommen und fange bei mir an. Herr, bring deine Liebe und Wahrheit zu allen Menschen und fange bei mir an.‹

»Wenn ich im Frieden mit mir selbst bin«, fuhr Frau Rosenblatt fort, »dann strahle ich das auch aus, und es wirkt auf meine Umwelt. Meist wollen wir ja die anderen ändern, das heißt, wir erwarten von ihnen, dass sie sich ändern. Verantwortlich bin ich aber immer zuerst für mich. Also bin ich auch dafür verantwortlich, dass ich mich dort ändere, wo ich Veränderung wünsche.
Nur leider stehen wir Menschen mit Veränderung auf dem Kriegsfuß. Auf der einen Seite wollen wir sie – von anderen beziehungsweise zum Positiven. Auf der anderen Seite haben wir Angst vor dem, was kommt. Und wenn wir den Eindruck haben, dass eine Veränderung negativ sein könnte, blocken wir ab – ohne zu wissen, ob sie auch positive Aspekte mit sich bringen würde. Dazu fällt mir eine schöne Geschichte von Anthony di Mello ein. Warten Sie, ich suche sie gerade heraus.« Frau Rosenblatt ging zu ihrem Schreibtisch und suchte ein Blatt heraus. Dann setzte sie sich wieder und las Daniela die Geschichte vor.
»Eine chinesische Geschichte erzählte von einem alten Bauern, der ein altes Pferd für die Feldarbeit hatte. Eines Tages entfloh das Pferd in die Berge und als alle Nachbarn das Pech des Bauern bedauerten, antwortete der Bauer: ›Pech? Glück? Wer weiß?‹

Eine Woche später kehrte das Pferd mit einer Herde Wildpferde aus den Bergen zurück und diesmal gratulierten die Nachbarn dem Bauern wegen seines Glücks. Seine Antwort hieß: ›Glück? Pech? Wer weiß?‹

Als der Sohn des Bauern versuchte, eines der Wildpferde zu zähmen, fiel er vom Rücken des Pferdes und brach sich ein Bein. Jeder hielt das für ein großes Pech. Nicht jedoch der Bauer, der nur sagte: ›Pech? Glück? Wer weiß?‹[26]

Ein paar Wochen später marschierte die Armee ins Dorf und zog jeden tauglichen jungen Mann ein, den sie finden konnten. Als sie den Bauernsohn mit seinem gebrochenen Bein sahen, ließen sie ihn zurück. War das nun Glück? Pech? Wer weiß?«

Als Frau Rosenblatt geendet hatte, reichte sie Daniela das Blatt. Die Überschrift lautete: Glück ist Ansichtssache. Daniela fragte sich, warum ihr Frau Rosenblatt diese Geschichte vorgelesen hatte. Und wieder war es, als hätte sie ihre Gedanken gelesen.

»Vielleicht fragen Sie sich jetzt, warum ich Ihnen diese Geschichte vorgelesen habe. Oft passieren Dinge, bei denen wir erst im Nachhinein erkennen, wofür sie gut waren. Es passiert uns häufig, dass wir schnell mit Wertungen dabei sind, ähnlich wie die Nachbarn des Bauern. Aber meist braucht es eine gewisse Zeit, bis das Ergebnis klarer wird. Auch zeigen Veränderungen nicht immer sofort das gewünschte Ergebnis, manchmal ist das ein längerer Prozess. Haben Sie schon mal mit einer Sportart begonnen oder angefangen, ein Instrument zu spielen?«

Daniela nickte und dachte an ihre misslungenen Versuche, regelmäßig joggen zu gehen.

»Solche Dinge klappen auch nicht von heute auf morgen. Manchmal müssen wir innere Widerstände überwinden, manchmal äußere. Die Frage ist, wie wir damit umgehen. Erzählen Sie doch mal genauer, wie das mit Ihrer Kollegin war.«

»Zuerst hat alles ganz gut geklappt«, begann Daniela. »Angelika hat zwar vor sich hin geschimpft, ist aber wieder gegangen, ohne mir Arbeit aufs Auge zu drücken. Pünktlich um drei ist sie wieder aufgetaucht, allerdings mit einem ziemlich genervten Gesichtsausdruck. Mir schwante nichts Gutes. Als ich dann die PowerPoint-Präsentation geöffnet habe, war ich entsetzt. ›Was hast du denn da für einen Schrott fabriziert!‹, habe ich impulsiv gesagt. Angelika ist richtig wütend geworden und hat mir vorgeworfen, das sei alles meine Schuld, ich wüsste doch, dass sie das nicht könne, und wenn ich sie zwingen würde, das selbst zu machen, käme halt so was dabei heraus. Im Stillen habe ich mich geärgert, dass ich es nicht doch wie üblich selbst gemacht hatte. Ich wusste, so wie die Präsentation aussah, würde es Stunden dauern, Ordnung in dieses Chaos zu bringen – und Angelika brauchte die Präsentation ja schon zwei Tage später. Wir haben uns eine Zeit lang beschimpft, bis Angelika erklärt hat, weder könne sie das, noch wolle sie es jemals lernen. Ich habe kapituliert und mich bereit erklärt, eine Spätschicht im Büro einzulegen, um die Präsentation bis zum nächsten Tag in Ordnung zu bringen. Ich hatte, ehrlich gesagt, auch ein schlechtes Gewissen. Ich wusste ja vorher, dass es nicht gerade zu Angelikas Stärken gehört, Präsentationen zu erstellen.« Voller Erwartung und auch ein wenig vorwurfsvoll sah sie Frau Rosenblatt an. Was würde sie zu alledem sagen?

»Ich kann Ihren Frust sehr gut verstehen und nachvollziehen, Frau Wagner. Aber, was meinen Sie, kann es sein, dass Sie und Angelika schon auf der Beziehungsebene waren, als ihr Gespräch anfing?«

»Ja, sicher. Als ich gesehen habe, mit welcher Miene Angelika in der Tür stand, war mir klar, dass dabei nichts Gutes herauskommen konnte.«

»Kennen Sie den Ausdruck der sich selbst erfüllenden Prophezeiung?«

»Natürlich, was hat das denn damit zu tun?«

»Manchmal gehen wir mit einer negativen Grundhaltung in ein Gespräch. Das kann so auf unsere Stimmung drücken, dass wir gar nicht auf der Sachebene kommunizieren können. War die Präsentation wirklich so schlecht?«

»Na ja, wie man's nimmt. Für Angelika waren schon einige brauchbare Sachen dabei, aber für meine Ansprüche war es unter aller ... Sie wissen schon.«

»Gut. Wie hätten Sie sich an Angelikas Stelle gefühlt? Sie hat Zeit investiert und bekommt auf das Ergebnis ihrer Arbeit nur einen solchen Satz hören, wie Sie ihn gesagt haben.«

»Hm ... wenn ich so darüber nachdenke ... früher war ich dann direkt wütend auf meinen ehemaligen Chef, der hat das immer genauso gemacht.«

»Okay, dann wissen wir jetzt zweierlei: Zum einen kennen Sie dieses Muster gut von Ihrem früheren Chef, und zum anderen erinnern Sie sich auch daran, wie Sie sich seinerzeit gefühlt haben.«

»Das stimmt, Frau Rosenblatt, wenn sich Angelika genauso gefühlt hat wie ich mich früher, wenn er mich runtergemacht hat, dann kann ich das nachvollziehen. Aber trotzdem ... sie hätte ja nicht gleich so ausrasten müssen.«

»Das kann damit zu tun haben, dass Sie, Frau Wagner, sich auf einmal anders verhalten als früher und als Angelika es von Ihnen erwartet hat. Wenn Menschen plötzlich anders reagieren, verunsichert das ihr Umfeld. Das kann bis zu Ärger über diese Person gehen, die auf einmal ›querschießt‹.

»Aber was hätte ich denn tun sollen? Den Kram, den sie da fabriziert hatte, konnte ich nicht gut finden.«

»Frau Wagner, vorhin habe ich verstanden, dass gute Ansätze in der Arbeit enthalten waren. Welche waren das?«

»Die Ideen, die sie für die Präsentation hat, haben mir gefallen. Angelika ist sehr kreativ, auch wenn ich ihre Ideen oft abgefahren und untauglich für das Business empfinde.«

»Prima, dann gibt es ja auch positive Aspekte. Ich schlage vor, dass wir uns das Thema Feedback mal genauer ansehen und dann gemeinsam erarbeiten, wie es jetzt weitergehen kann. Was meinen Sie?«

»Feedback kenne ich von den PowerPoint-Seminaren. Da haben wir auch immer ein Feedback bekommen und mussten eines geben.«

»Wunderbar, dann können Sie mir ja etwas dazu erzählen.«

»Hm, so genau kann ich das nicht wiedergeben. Da war irgendwas mit einem Burger, ich glaube, man soll positiv anfangen …? Bitte erklären Sie es mir doch noch mal«, sagte Daniela.

Frau Rosenblatt reichte ihr ein Blatt mit Fokusfragen.

FOKUSFRAGEN zum Thema Feedback:

- Wünschen Sie sich ehrliche und konstruktive Rückmeldungen?
- Solche, aus denen Sie wirklich etwas lernen können?
- Möchten Sie auch andere durch Ihre konstruktiven Rückmeldungen unterstützen?

»Feedback ist ein Begriff, der in verschiedenen Zusammenhängen benutzt wird«, begann Frau Rosenblatt, »zum Beispiel Feedback-Gespräch, 360-Grad-Feedback und so weiter. Doch was bedeutet er genau? Im Feedback geht es grundsätzlich darum, einer anderen Person eine Rückmeldung dazu zu geben, wie wir ihr Verhalten wahrnehmen. An dieser Stelle könnten wir uns fragen, warum wir das tun sollten. Ich denke, wir kennen das alle – es gibt Verhaltensweisen von anderen Personen, die uns stören und im schlimmsten Fall auf die Nerven gehen. In der sogenannten Transaktionsanalyse, die ich Ihnen gerne zu einem anderen Zeitpunkt erkläre, gibt es die Überlegung, dass wir jedes Mal, wenn wir uns von einer Person geärgert, nicht ernst genommen, übergangen und so weiter fühlen, unbewusst eine ›Rabattmarke‹ in unser inneres ›Rabattmarkenheft‹ kleben. Sobald dieses Rabattmarkenheft in Bezug auf die eine Person voll ist, kann es sein, dass wir explodieren und dann Dinge sagen, die wir später bereuen.

Das Feedback eröffnet uns die Möglichkeit, alles anzusprechen, was uns stört. Ich bin oft erstaunt, wie sehr sich die Sichtweisen meiner Gesprächspartner von meinen unterscheiden. Darauf wäre ich vorher nicht gekommen. Gelegentlich fällt es mir immer noch etwas schwer, kritische Feedbacks anzunehmen. Natürlich höre ich lieber Positives als konstruktive Rückmeldungen zu dem, was ich ändern kann. Doch genau ein solches Feedback hat mich dahin gebracht, wo ich heute bin.« Frau Rosenblatt stand auf und ging zum Flipchart, auf das sie ein paar Linien zeichnete. Als sie damit fertig war, drehte sie sich zu Daniela um. »Wir werden uns dieses Modell, das sogenannte Johari-Fenster, als Einstieg in das Thema Feedback ansehen. Es zeigt, worum es beim Feedback gehen sollte.«

»Das ist aber ein komischer Name«, wunderte sich Daniela.

Frau Rosenblatt lachte. »Er ist aus den ersten Silben der Vornamen von Joseph Luft und Harry Ingham gebildet, den beiden amerikanischen Sozialpsychologen, die dieses Modell Mitte der 1950er-Jahre entwickelt haben.

Das Johari-Fenster

Mithilfe dieses Modells können Selbst- und Fremdwahrnehmung eines Menschen miteinander abgeglichen werden. Bei dem Experiment wird die Person, um die es geht, aufgefordert, aus 56 Adjektiven fünf bis sechs heraussuchen, die aus ihrer eigenen Sicht ihre Persönlichkeit beschreiben. Anschließend werden andere Personen – zum Beispiel Gruppenmitglieder, Freunde, Leute aus dem Arbeitsumfeld – gebeten, ebenfalls fünf bis sechs Adjektive zu nennen, die diese Person beschreiben. Auf diese Weise entstehen ein Selbst- und ein Fremdbild. Auch wenn diese aufgrund der beschränkten Anzahl von Möglichkeiten nur einen Teil der Persönlichkeit repräsentieren, so ist es zumindest möglich, für diese aufgelisteten Adjektive eine Selbst- und eine Fremdeinschätzung zu erhalten.[27]

Im normalen Arbeitsalltag ist es meist zu aufwendig, sich untereinander ein solch umfangreiches Feedback zu geben. Im Übrigen gibt es die unterschiedlichsten Formen von Feedback-Kultur, die in Unternehmen praktiziert werden. Wie ist das bei Ihnen, Frau Wagner?«

»Ich glaube, die Einzige, die das bei uns kann und auch regelmäßig tut, ist Frau Jung. Wenn sie mir eine Rückmeldung gibt, was ich verbessern kann, empfinde ich das immer als bereichernd. Ich bin dann froh, dass Frau Jung sich viel Zeit nimmt, mir ihre Sicht der Dinge mitzuteilen, und ich kann immer etwas daraus lernen.«

»Ja«, sagte Frau Rosenblatt. »Ich kenne viele Unternehmen, in denen man sich mit Rückmeldungen schwertut oder in denen sie sogar unerwünscht sind.« Sie stand auf und trat ans Flipchart. »In diesem Vier-Quadranten-Modell kann man grundsätzlich Bereiche unterscheiden, was meine Verhaltensweisen angeht«, Frau Rosenblatt zeigte auf sich, »… und die von anderen.« Sie zeigte in den Raum und auch auf Daniela. »Das Johari-Fenster veranschaulicht Verhaltensweisen, die mir selbst, und solche, die anderen bekannt sind.«

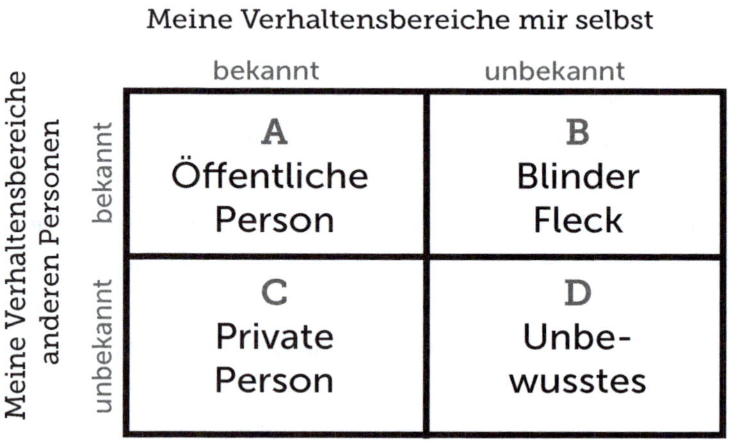

Meine Verhaltensbereiche mir selbst

	bekannt	unbekannt
Meine Verhaltensbereiche anderen Personen — bekannt	A Öffentliche Person	B Blinder Fleck
unbekannt	C Private Person	D Unbe- wusstes

Abbildung 9: Das Johari-Fenster

Während sie sprach, fügte sie die Beschriftungen der Achsen hinzu. »Joe Luft und Harry Ingham sehen diese vier Bereiche als gute Grundlage an, um zum Beispiel die Arbeit im Team zu reflektieren und ebenso sich selbst und das eigene Verhalten.[28]

Der Quadrant A – ›Öffentliche Person‹ – enthält die Information über jemanden, die sowohl ihm oder ihr selbst als auch den anderen, zum

Beispiel dem Team, in dem es arbeitet, bekannt ist. Das können bestimmte Einstellungen, Verhaltensweisen sein, aber auch Wissen und Fertigkeiten. Grundsätzlich ist es für vertrauensvolle Teamarbeit immer erstrebenswert, möglichst viel über diesen Bereich von allen Teammitgliedern zu kennen, wobei natürlich dort Grenzen gesetzt sind, wo man Informationen über sich lieber für sich behalten möchte. Dieser Bereich ist bei Teammitgliedern, die sich schon länger kennen, viel größer als bei neu hinzukommenden.

In meinen Seminaren bitte ich die Teilnehmenden, mir konkrete Beispiele zu nennen für Verhaltensweisen von mir, die sowohl sie als auch ich kennen. Ein Beispiel ist, dass ich in meinen Seminaren häufig sitze, um auf gleicher Augenhöhe mit den Teilnehmenden zu sein, und nicht stehe.

Der Quadrant B – ›Private Person‹ – enthält Informationen, die mir selbst über mich bekannt sind, den anderen aber nicht. Das sind Verhaltensweisen und Einstellungen, die uns selbst bekannt sind, die wir anderen aber nicht mitteilen möchten beziehungsweise nicht im Team im Unternehmen, im privaten Umfeld aber schon. Mit der Zeit enthüllen wir auch im beruflichen Umfeld mehr Informationen aus diesem Bereich. Das geschieht sowohl bewusst – indem wir von uns erzählen – als auch unbewusst – indem wir ein bestimmtes Verhalten an den Tag legen. Somit wird dieser Bereich im Zuge einer längeren Zusammenarbeit immer kleiner. Also zum Beispiel mein Verhalten während des Frühstücks, ob ich sitze, stehe, in Eile bin und so weiter, möchte ich lieber für mich behalten.

Der Quadrant C – der ›Blinde Fleck‹ – ist für ein Feedback besonders interessant. Er enthält Informationen, die mir selbst nicht bekannt sind, dafür aber den Personen, mit denen ich zusammenarbeite. Durch Feedback kann ich eigene Verhaltensweisen, deren ich mir nicht bewusst bin, verändern. Hierzu ein konkretes Beispiel: Wenn ich vor meinem Team eine Präsentation halte, so kann mir das Team durch sein Feedback helfen, unsicher wirkende Verhaltensweisen zu korrigieren und zu reduzieren. So kann es sein, dass ich mir während einer Präsentation viel zu häufig die Brille zurechtschiebe und/oder mit meinen Ohrringen spiele. Beides sind Gesten, die Unsicherheit ausstrahlen. Durch eine konstruktive Rückmeldung werden mir diese Verhaltensweisen bewusst, und ich kann daran arbeiten, die nächste Präsentation souveräner zu halten. An dieser Stelle habe ich von Teams schon die interessantesten Rückmeldungen erhalten.

Im Quadranten D – dem ›Unbewussten‹ – sind Dinge enthalten, die weder uns noch unserem Team bekannt sind. Das können Erfahrungen aus der Kindheit sein, die unser Verhalten bis heute beeinflussen. Ein Stück weit können wir uns diesen Bereich durch Selbstreflexion bewusst machen. Zum größeren Teil bedarf es hier jedoch der Unterstützung von außen, zum Beispiel durch einen Therapeuten oder Psychoanalytiker. Da dieser Bereich – so jemand das wünscht – mit Vorsicht und Erfahrung ergründet werden muss, sollte dies den Fachleuten vorbehalten bleiben und nicht im Team eine Rolle spielen, indem ›Hobby-Psychologen‹ ihre Deutungen versuchen. Was bedeutet das nun für die wertschätzende und vertrauensvolle Zusammenarbeit in Unternehmen? Ich denke, wir alle kennen es, dass man sich über ›Marotten‹ von anderen lustig macht. In einer vertrauensvollen Atmosphäre hat das keinen Platz. Hier ist es wichtig, dass wir diese ›Marotten‹ der betroffenen Person gegenüber ansprechen, damit diese die Chance hat, sich derer bewusst zu werden und sie zu ändern. Auch Mobbing kann verhindert werden, indem wir Personen in einem Feedback direkt darauf aufmerksam machen, was wir an ihnen als merkwürdig und/oder störend empfinden.
Ich erlebe es in Gruppen, dass Gruppenmitglieder, die andere – und meist wenig geschätzte – Verhaltensweisen an den Tag legen, selten direkt darauf hinweisen, sondern durch lockere Bemerkungen wie: ›Musstest du dich mal wieder in den Vordergrund drängeln ...‹ Da die

in dieser Weise angesprochene Personen oft gar nicht weiß, wodurch die anderen den Eindruck haben, dass sie sich in den Vordergrund spielen wollen, reagieren sie meist mit Abwehr und Sätzen wie: ›Das musst *du* gerade sagen …‹, was nicht konstruktiv ist.« Frau Rosenblatt hatte sich wieder hingesetzt. Aus ihrem unerschöpflich scheinenden Fundus fischte sie zielsicher ein weiteres Blatt für Daniela.

»Aber wie wird ein konstruktives Feedback gegeben?

Regeln für Feedback-Geber

Die Erkenntnisse aus dem Johari-Fenster lassen sich unter anderem gut auf das Feedback anwenden. Dieses soll dazu dienen, dass sich der ›Blinde Fleck‹ verkleinert. Die Herausforderung besteht darin, jemandem eine Rückmeldung zu geben, ohne ihn oder sie zu verletzen. ›Man sollte die Wahrheit dem anderen wie einen Mantel hinhalten, dass er hineinschlüpfen kann – nicht wie ein nasses Tuch um den Kopf schlagen‹, hat Max Frisch einmal gesagt. Grundsätzlich ist es wichtig, sich immer wieder klarzumachen, dass eine Beziehung erst dann zu Ende ist, wenn man sich nichts mehr zu sagen hat. Solange man sich streitet, ist noch Energie da – und was für eine! Sie kennen bestimmt den Ausspruch, Frau Wagner, dass man jemanden nicht mal mehr mit dem unteren Rücken anschaut. Damit wollen wir ausdrücken, dass uns dieser jemand nichts mehr wert ist.

Kurz, kritisches Feedback ist keine einfache Sache – weder für den Sender, noch für den Empfänger. Ich weiß, wie schwierig es sein kann, Feedback anzunehmen. Ich fühle mich am schnellsten verletzt, wenn jemand Du- statt Ich-Botschaften sendet oder wenn ich das Gefühl habe, allgemein als ›schlecht‹ abgestempelt zu werden. Grundsätzlich freue ich mich über Feedbacks, denn nur so kann ich mein Verhalten ändern. Ich finde es gut, wenn mir meine Seminarteilnehmenden oder die Studierenden Rückmeldungen geben, was ich verbessern kann. An welche Regeln sollten wir uns nun als Feedback-Geber halten? Jedes Feedback sollte damit beginnen, dass wir unser Gegenüber fragen, ob es überhaupt eines möchte: ›Möchten Sie/möchtest du ein Feedback?‹ Ist die Situation nicht ganz offensichtlich, uns liegt jedoch etwas auf dem Herzen, können wir eine Ich-Botschaft vorschalten: ›Mich beschäftigt etwas, das ich gerne mit Ihnen besprechen möchte.‹ Oder: ›Mir ist etwas aufgefallen, das ich Ihnen gerne zur Verfügung stellen möchte.‹ Daran kann sich die Frage anschließen: ›Haben Sie einen Moment Zeit für mich?‹

In den meisten Fällen lautet die Antwort Ja. Dann können wir, beginnend mit einer Ich-Botschaft, unsere Beobachtungen beschreiben: ›Mir hat das Thema Ihrer Präsentation sehr gut gefallen. Gleichzeitig hatte ich Schwierigkeiten, Ihnen zu folgen, weil Sie für mich zu leise gesprochen haben.‹

Falls der Feedback-Nehmer kein Feedback möchte, können wir ihm oder ihr anbieten, uns zu einem späteren Zeitpunkt darauf anzusprechen. Ein Feedback sollte allerdings möglichst zeitnah gegeben werden, damit sich beide Beteiligten noch an diese Situation erinnern können. Und wenn uns Dinge an einer anderen Person sehr stören, sollten wir uns nicht vertrösten lassen, weil das dazu führen kann, dass wir uns von dieser Person abwenden. In solchen Fällen empfiehlt es sich, um einen konkreten Gesprächstermin zu bitten. – Wollen wir uns die Regeln für Feedback-Geber noch einmal anschauen?« Frau Rosenblatt deutete auf das Blatt, das sie Daniela vorhin gegeben hatte.

Regeln für Feedback-Geber

Als Erstes sollten wir uns vergewissern, dass der Feedback-Nehmer das Feedback möchte. Das Feedback selbst sollte

- beschreibend, nicht bewertend sein,[29]
- auf konkretes Verhalten bezogen werden, nicht auf Eigenschaften,
- auf Beobachtungen bezogen sein,
- auf veränderbares Verhalten gerichtet sein,
- eigene Empfindungen und Reaktionen benennen,
- sobald wie möglich bzw. zur rechten Zeit sowie
- nur im eigenen Namen erfolgen.

»Schauen wir uns ein Beispiel an. Der uns schon bekannte Kollege Anton hält eine Präsentation, um ein neues Produkt vorzustellen. Er liest die Sätze von den PowerPoint-Folien an der Wand ab, kehrt also dem Publikum den Rücken zu. Als er geendet hat, möchte ihm Kollegin Berta ein Feedback geben.

Berta: ›Möchtest du ein Feedback?‹

Anton: ›Ja.‹

Berta: ›Das neue Produkt, das du uns vorgestellt hast, finde ich sehr interessant! Ich denke, wir können damit neue Kunden gewinnen. Während deiner Präsentation hatte ich dann Schwierigkeiten dir zu folgen, weil ich deine Stimme als recht leise empfunden habe, wenn du in Richtung Wand gesprochen hast, was aus meiner Sicht recht häufig der Fall war. Außerdem habe ich die Präsentation als nicht so motivierend empfunden, da du deine vorbereiteten Sätze vorgelesen hast. Für mich wäre mehr Enthusiasmus rübergekommen, wenn du frei gesprochen hättest.‹

Anton: ›Du meinst also, dass du mir meine Begeisterung für das neue Produkt nicht angemerkt hast?‹

Berta: ›Ja.‹

Anton: ›Oh, vielen Dank für den Hinweis. Was hättest du an meiner Stelle anders gemacht?‹

Berta: ›Was hältst du davon, dass wir das ganz in Ruhe besprechen? Wann hast du Zeit?‹

Inwieweit kann nun Feedback zu einem friedlicheren Miteinander führen? In unserem Beispiel ging es um ein Feedback, wie Kollege Anton seine Präsentation optimieren könnte. Aber Sie kennen bestimmt auch Situationen, Frau Wagner, in denen Sie sich über eine andere Person ärgern, die das aber nicht merkt. Bei mir ist das so, wenn ich ständig unterbrochen werde. Hier bitte ich zunächst darum, meinen Gedanken zu Ende führen zu dürfen. Später gehe ich dann auf die Person zu. Nach den einleitenden Sätzen könnte das Gespräch dann folgendermaßen weitergehen:

Ich: ›Ich habe das Gefühl, von dir recht oft unterbrochen zu werden, bevor ich meinen Gedanken fertig formuliert habe.‹

Kollege: ›Ja, aber ich weiß doch, was du sagen willst. Da brauche ich nicht zu warten, bis du fertig bist. Außerdem kann ich dir auf diese Weise sagen, dass wir total einer Meinung sind. Du musst deine Sätze noch nicht einmal beenden, und ich weiß schon, worauf du hinauswillst.‹

Ich: ›Vielen Dank für deine Sichtweise. In meiner Wahrnehmung ist das tatsächlich manchmal so. Aber oft möchte ich auch etwas ganz anderes sagen, und es fällt mir schwer, den Faden wieder aufzunehmen, wenn ich unterbrochen wurde. Mir ist es lieber, wenn du mich in Zukunft meine Gedanken zu Ende führen lässt.‹

Kollege: ›Oh, sorry, das war mir nicht so klar. Ich werde mir Mühe geben – und falls ich es mal wieder vergesse, dann erinnere mich bitte daran.‹

Ich: ›Prima, das werde ich machen.‹

Meist klappt das dann auch recht gut, aber manchmal kommen in uns nach solchen Feedback-Gesprächen auch Gedanken auf wie: ›XY weiß doch, dass ich das so und so sehe, warum provoziert sie mich dann?‹ Hier tappen wir in eine Falle: Wir wissen ja gar nicht, ob die andere Person uns absichtlich provoziert. Es ist hilfreich, so weit wie möglich, Ruhe zu bewahren und auf der Sachebene nachzufragen. Viele Dinge lösen sich dann auf, weil die Wahrnehmung unterschiedlich war. Auch wenn es uns in bestimmten Situationen schwerfällt, ein Feedback zu geben – wir sollten uns vor Augen führen, dass es die Situation bereinigt und wir danach ein besseres Gefühl haben. Wenn wir uns davor drücken, dann kann es passieren, dass wir innerlich eine weitere Rabattmarke in unser ›Rabattmarkenheft‹ kleben und uns von der Person abwenden. Die Beziehung bekommt einen Knacks, und der Kontakt nimmt ab. Denken Sie bitte einen kurzen Moment nach, Frau Wagner. Wie viele Personen kennen Sie, über die Sie ein inneres Rabattmarkenheft führen, nach dem Motto: ›Wenn er oder sie sich noch mal etwas erlaubt, sind wir keine Freunde mehr‹?«

Daniela lachte. »Da fallen mir gleich mehrere Leute ein ...«
Frau Rosenblatt nickte und zeigte auf das Arbeitsblatt.

Regeln für Feedback-Nehmer

»Schauen wir uns noch einmal die Zusammenfassung der Regeln für
Feedback-Nehmer an. Sie sollten

* zuhören und nur nachfragen, wenn Sie etwas nicht verstanden
  haben,
* sich nicht rechtfertigen, verteidigen, argumentieren,
* darüber nachdenken und die Rückmeldung nicht innerlich
  wegschieben,
* dem Geber deutlich machen, dass das Feedback angekommen ist,
  gegebenenfalls, was es ausgelöst hat.[30]

In den Beispielen habe ich das so formuliert, wie es nach den Feedback-
Regeln sein sollte. In der Praxis erlebe ich es dennoch häufiger, dass die
andere Person sich rechtfertigt. In dem Beispiel, in dem der Kollege mir
ins Wort fiel, höre ich dann auch Sätze wie: ›Wir haben doch so wenig
Zeit für das Meeting, da muss man schon einmal abkürzen.‹
In diesen Fällen können wir mit der Bumerang-Methode reagieren:
›Gerade, weil wir so wenig Zeit für das Meeting haben, ist es wichtig,
sich gegenseitig gut zuzuhören, damit wir nicht noch mehr Zeit damit
verlieren, das dann noch zu erläutern, was wir eigentlich sagen wollten.‹
Frau Wagner, ich weiß, dass ich wieder recht viel erkläre. Das, was
Sie mit dem Feedback-Burger im Kopf haben, bezieht sich auf die
drei Schichten, aus denen unsere Rückmeldung bestehen sollte:
›Unten‹ beginnen wir mit etwas Positivem und ›obendrauf‹ sollte
möglichst auch etwas Positives gesagt werden. Dazwischen liegt der
Hauptbestandteil: Wir formulieren, was uns stört und/oder was die
andere Person verbessern kann. Was halten Sie davon, wenn wir das
für Ihr Gespräch mit Angelika üben?«
»Ja, das finde ich eine hervorragende Idee. Ich könnte also beim

nächsten Mal Angelika zunächst für ihre guten Ideen loben, richtig?«

»Genau. Sie könnten sie auch fragen, ob sie eine Rückmeldung zu ihrer PowerPoint-Präsentation haben möchte. Und noch ein Punkt ist ganz wichtig. Wenn es für Sie irgendwie möglich ist, bleiben Sie auf der Sachebene.«

»Das stimmt, ich hatte schon den Kaffee auf, als Angelika wieder zur Tür reinkam. Und bei Ihnen hier kann ich es ja sagen: Ich weiß gar nicht, ob ich überhaupt ein gutes Haar an ihrer Präsentation lassen wollte. Es kann schon sein, dass ich sie auch gerne mal runtermachen wollte.«

»Was ich gut nachvollziehen kann. Doch wie Sie ja auch gemerkt haben, hat Sie das nicht weitergebracht.«

»Ja, also gut, dafür bin ich ja auch hier bei Ihnen im Coaching, ein neuer Anlauf muss her! Was kann ich tun?«

»Beginnen Sie mit einem echten Lob. Wir alle merken, wenn uns jemand ehrlich lobt oder wenn uns die andere Person nur etwas Nettes sagen will. In dem Moment, in dem Sie Angelika ehrlich für ihre kreativen Ideen loben, ist das ein toller Einstieg. Danach könnten Sie zu ihr sagen: ›Was jetzt allerdings diese Grafik angeht, so gibt es da aus meiner Sicht noch Optimierungsbedarf. Wir könnten uns das gemeinsam ansehen, dann kann ich dir konkrete Tipps geben, was du verbessern kannst. Was meinst du?‹ Frau Wagner, was halten Sie an dieser Stelle wieder von einem kleinen Rollenspiel?«

»Na gut ... hoffentlich geht das nicht so schief wie beim ersten Mal – wobei ich ja zugebe, dass das, was wir im Rollenspiel geübt haben, auch schon einigermaßen geklappt hat!«

Frau Rosenblatt und Daniela spielten die Szene durch und Frau Rosenblatt gab Daniela Tipps, was sie selbst im Bereich des Feedbacks noch verbessern konnte.

Daniela bedankte sich für diese Unterstützung und stellte eine Frage, die ihr schon die ganze Zeit auf der Zunge gelegen hatte: »Frau Rosenblatt, was hat das genau mit diesen Rabattmarken auf sich?«

»Die Idee, die dahintersteckt, geht von inneren Rabattmarkenheften aus. Jedes Mal, wenn wir mit einer Person aneinandergeraten und diese Differenz nicht klären oder auflösen, kleben wir in dieses innere Rabattmarkenheft, das wir unbewusst für die Person führen, eine Rabattmarke. Ähnlich wie im Supermarkt, wenn wir ein volles Heft einlösen, gibt es innerlich bei uns einen Punkt, an dem wir denken: ›Jetzt reicht's! Jetzt sage ich ihm oder ihr mal ganz gehörig die Meinung!‹ Und dann lassen wir allen Unmut und Zorn heraus, der sich im Laufe der Zeit angesammelt hat. Im schlimmsten Fall gibt es einen regelrechten Wutausbruch, in dem wir die andere Person eventuell verbal verletzen und für den wir uns später dann auch schämen. Kennen Sie so was?«

Daniela war recht kleinlaut geworden, auch wenn ihr das im Unternehmen weniger passierte, so kannte sie das doch aus ihrer früheren Beziehung. Noch heute gab sie sich einen Teil der Schuld, dass diese Beziehung aufgrund ihrer Wutanfälle in die Brüche gegangen war. Ob es hier auch Unterstützung geben konnte? Doch sie wusste ja von Frau Rosenblatt, dass es in ihrem Coaching in erster Linie um die berufliche Situation ging. Sie hatte aber auch schon gemerkt, dass sie das eine oder andere auch gut im Privatleben nutzen konnte …

Frau Rosenblatt riss sie aus ihren Gedanken. »Frau Wagner, erinnern Sie mich beim nächsten Termin gerne noch einmal daran, dann werde ich Ihnen mehr zur Transaktionsanalyse erzählen.«

»Ich werde Sie bitten, mir mehr zu den Rabattmarken zu erzählen, das kann ich mir besser merken als diesen Begriff.«

»Wunderbar, dann gutes Gelingen und bis zum nächsten Termin, Frau Wagner.«

8. SCHLUSS MIT DEM DRAMA-DREIECK!

Daniela war bis zwei Tage vor ihrem nächsten Termin bei Frau Rosenblatt guter Dinge gewesen. Das nächste Gespräch mit Angelika war besser verlaufen. Zwar längst noch nicht so schön wie mit Frau Rosenblatt, aber Daniela hatte gemerkt, dass sie immer wieder die Sätze aus dem Coaching im Kopf hatte, und versuchte, sie in den jeweiligen Situationen anzuwenden. Sie fühlte sich ein bisschen wie in ihrer Jugend beim Tanzunterricht. Am Anfang hatte sie ihre Schritte mehr als Gehopse empfunden, doch durch die geduldigen und regelmäßigen Rückmeldungen ihrer Tanzlehrerin war dann noch etwas daraus geworden, das eine gewisse Geschmeidigkeit ausstrahlte. Auch hier hatte sie beim regelmäßigen Üben die Stimme ihrer Tanzlehrerin in ihrem inneren Ohr gehabt, die sie dazu ermahnt hatte, den Oberkörper gerade und ruhig zu halten, ebenso die Hände …

Sorgen bereitete ihr wieder einmal Herr Bauer, der Vertriebsleiter. Ob er einen besonders schlechten Tag gehabt hatte oder mit seinen Zahlen unzufrieden war – sie wusste es nicht. Aber die Art und Weise, wie er seine miese Laune an ihr ausgelassen hatte, fand sie nicht in Ordnung. »Vor zwei Tagen ist er wieder, ohne anzuklopfen, in mein Büro geplatzt«, erzählte sie Frau Rosenblatt. »Ich saß an meinen PC und war in einen Serienbrief vertieft. Dafür brauche ich immer meine volle Aufmerksamkeit. Als er so hereinstürmte, bin ich erschrocken zusammengefahren. ›Kann man hier nicht einmal in Ruhe arbeiten!?‹, habe ich laut gesagt. Herr Bauer baute sich vor mir auf. ›Was Sie so arbeiten nennen … Das, was Sie machen, ist doch alles völlig easy. Wenn Sie nur mal einen Tag im Vertrieb wären, wüssten Sie, was arbeiten wirklich bedeutet. Da muss man sich jeden Tag mit Kunden rumärgern und auch mit Lieferanten. Na ja, aber bei Ihrer Ausbildung als Tippse kommt das für Sie ja eh nicht in Frage!‹ Ich habe völlig perplex an meinem Schreibtisch gesessen, und in diesem Moment fiel mir auch keiner von Ihren Sätzen ein, Frau Rosenblatt. In meinem Kopf hämmerte es nur, ›Ruhe bewahren!‹, und so habe ich nichts darauf gesagt. Anscheinend hat ihn das aber noch mehr in Rage versetzt.

›Klar, dass Sie auch nicht in den Vertrieb kommen, da kann man nicht einfach nur stumm bleiben, dafür muss man rhetorisch kompetent sein!‹, hat er geschnaubt. Da ist es mir zu viel geworden. Ich bin aufgesprungen, habe ihn böse angesehen und mit eiskalter Stimme gesagt: ›So, wie Sie sich hier aufführen, kann ich gut erkennen, wie rhetorisch gewandt *Sie* sind!‹ Immer noch zitternd habe ich mich wieder hingesetzt und mich meiner Arbeit zugewandt. Dieses Gespräch wollte ich wirklich nicht fortführen. Er hat mir dann noch irgendwas auf den Tisch geworfen und etwas von ›… für Frau Jung‹ gemurmelt. Dann rauschte er hinaus und knallte die Tür hinter sich zu. Ach, Frau Rosenblatt, Sie können sich gar nicht vorstellen, wie ich mich in dieser Situation gefühlt habe.« Daniela war den Tränen nahe. »Haben Sie da etwas Tröstliches für mich?«

»Ich kann ihr Gefühl der Wut und wahrscheinlich der Ohnmacht sehr gut nachvollziehen. Es ist gut möglich, dass hier wieder Muster aus Ihrer Kindheit eine Rolle gespielt haben. Wir wollten uns heute ja sowieso mit der Transaktionsanalyse beschäftigen, das passt hervorragend zu diesem Thema. Ich schlage vor, dass Sie es sich mit dem Kaffee gemütlich machen und mir erst mal zuhören. Danach werden wir uns ausführlich mit Ihrem heutigen Anliegen beschäftigen, und ich hoffe, dass Sie in der Zeit, in der ich Ihnen die Theorie erkläre, schon ein wenig abschalten können.«

Daniela nickte dankbar, sie hörte Frau Rosenblatt gerne zu. Sie strahlte etwas Angenehmes aus, vielleicht auch etwas Mütterliches, jedenfalls hatte sie eine wohlklingende Stimme, und das empfand Daniela oft schon als Balsam für ihre Seele.

Wie üblich reichte ihr Frau Rosenblatt auch heute wieder zuerst ein paar Arbeitsblätter.

FOKUSFRAGEN zum Thema Transaktionsanalyse:
- Wie häufig fühlen Sie sich während Gesprächen unwohl?
- Welche Gespräche sind das?
- Mit welchen Personen sprechen Sie dann?
- Fragen Sie sich, warum Sie sich mal unter- und mal überlegen fühlen?
- Möchten Sie sich immer gleichwertig zu Ihrem Gesprächspartner fühlen?

Die Transaktionsanalyse

»Als Begründer dieser psychologischen Theorie der menschlichen Persönlichkeitsstruktur gilt der kanadisch-US-amerikanische Psychiater Eric Berne.[31] In seinem um die Mitte des vorigen Jahrhunderts entwickelten Modell unterscheidet er drei sogenannte Ich-Zustände, in denen wir uns befinden können:

1. das Eltern-Ich,
2. das Erwachsenen-Ich und
3. das Kind-Ich.

Im Eltern-Ich haben wir Aussagen und Verhaltensweisen abgespeichert, die wir von unseren Eltern oder Bezugspersonen gehört haben. Berne unterscheidet dabei zwei verschiedene Eltern-Ich-Zustände: das kritische und das wohlwollende Eltern-Ich. Hierbei handelt es sich nicht nur um Verhaltensweisen unserer Eltern, sondern aller sogenannter Bezugspersonen, mit denen wir in der Kindheit Kontakt hatten, also auch Erzieher, Lehrer, Pfarrer und so weiter.

Das kritische Eltern-Ich. Typische Sätze aus dem kritischen Eltern-Ich sind solche, die wir aus unserer Kindheit kennen, wie: ›Hast du wieder nur eine 4 geschrieben!‹ oder der erhobene Zeigefinger, das Hochziehen der Augenbrauen und Ähnliches – alles, was wir als Kritik an uns oder unseren Verhaltensweisen empfinden. Wenn jemand zu uns sagt: ›Sie wissen ja, warum Sie hier sind …‹, denken die meisten von uns an eine Situation, in der sie etwas ausgefressen hatten und nun beispielsweise zum Schuldirektor gerufen wurden, der mit ihnen über ihr Fehlverhalten sprechen und Sie eventuell zur Rechenschaft ziehen oder sogar bestrafen wollte. Wenn ich früher so einen Satz gehört habe, habe ich mir überlegt, was ich alles falsch gemacht haben könnte. Als Kind ist man sich ja nicht immer bewusst, etwas Falsches getan zu haben, und so bin ich im Geiste durchgegangen, ob ich frech war, etwas Zugesagtes nicht erledigt hatte oder, oder, oder …

Das fürsorgliche Eltern-Ich. Dieses spiegelt den besorgten und sich kümmernden Teil. Sätze wie: ›Kind, isst du auch genug?‹ oder ›Soll ich dir einen Kakao machen? Du siehst so traurig aus‹, sind typische Sätze aus dem fürsorglichen Eltern-Ich. Ein anderer Satz aus dem Eltern-Ich ist zum Beispiel: ›Zieh dich warm an, es ist kalt draußen‹. Dabei macht wieder einmal der Ton die Musik. Wird dieser Satz mit einem vorwurfsvollen Unterton gesagt, dann stammt er aus dem kritischen Eltern-Ich und enthält die Botschaft, dass das Kind zu dumm oder naiv ist, um zu wissen, welche Kleidung es bei niedrigen Temperaturen anziehen muss. Aber er kann auch aus dem fürsorglichen Eltern-Ich gesprochen sein, mit einem warmen, herzlichen Ton, dann bedeutet er, dass Vater oder Mutter sichergehen möchte, dass das Kind nicht friert.« Während Daniela zuhörte, sah sie ihre Eltern vor ihrem geistigen Auge. Ihr Vater neigte schon mal zu Wutausbrüchen, ihre Mutter hatte sich dauernd Sorgen um sie gemacht …

Frau Rosenblatt fuhr fort: »**Das Erwachsenen-Ich** ist der Ich-Zustand, in dem wir meistens kommunizieren, wenn wir auf der Sachebene Informationen austauschen, wie die Frage: ›Wie spät ist es?‹ und die Antwort: ›Es ist 10:10 Uhr.‹ Diese Kommunikation ist geprägt von einem sachlichen, offenen und reflektierten Umgang miteinander. Hierzu gehört auch eine offene Körperhaltung.

Das Kind-Ich. Dabei unterscheidet Berne drei verschiedene Zustände: das natürliche, das angepasste und das rebellische Kind-Ich. Grundsätzlich ist es uns Menschen wichtig, Zuneigung zu bekommen. Kinder tun dies zunächst auf eine instinktive Weise. Wenn ein Baby schreit, weil es Hunger hat, dann ist das seine Art, die Erwachsenen auf sich aufmerksam zu machen. Automatisch wenden wir uns ihm zu, um zu sehen, was es benötigt. Sicherlich kann man auch denken, dass man als Eltern ja regelmäßig schauen kann – was die meisten sicherlich auch tun –, ob bei dem Baby alles okay ist. Doch es scheint so zu sein, dass auch Babys den Impuls haben zu kommunizieren. Insbesondere der Wunsch nach echter Zuneigung ist von Anfang an ausgeprägt, wie die grausamen Versuche Kaiser Friedrichs II. im Mittelalter zeigten. Er wollte ergründen, welches die Ursprache ist, die man lernt, wenn einem keine Sprache beigebracht wird und diese auch nicht hört. Die für dieses Experiment ausgesuchten Ammen wurden angewiesen, die neugeborenen Waisenkinder nur zu stillen und zu waschen, darüber hinaus aber keinen weiteren Kontakt mit ihnen aufzunehmen, sie zum Beispiel auch nicht zu streicheln. Sie durften den Neugeborenen nur Nahrung geben. Das Ergebnis war niederschmetternd: Keines der Babys überlebte das erste Jahr.[32] Wir müssen also zunächst unsere angeborenen Instinkte einsetzen, um das zu bekommen, was wir benötigen. Wenn Kinder älter werden und vielleicht zu malen beginnen, gehen sie mit dem Bild zu den Eltern und möchten entweder Anerkennung, Aufmerksamkeit oder Lob. Die Kinder freuen sich darüber, was sie geschaffen haben. Die meisten Erwachsenen reagieren entweder aus dem fürsorglichen Eltern-Ich: ›Das hast du fein gemacht!‹ oder aus dem kritischen Eltern-

Ich: ›Was soll denn dieses Gekrickel sein?‹ So lernen Kinder, wofür sie Aufmerksamkeit bekommen.

Eine beliebte Verhaltensweise von Kindern ist es, in Pfützen zu springen, weil es ihnen Spaß macht, zu sehen, wie das Wasser hochspritzt. Sie sind dann in ihrem **natürlichen Kind-Ich**-Zustand. Nun kommt es wieder auf die Reaktion der Eltern an. Diese können sich mit dem Kind freuen, aber oft hört man Sätze wie: ›Jetzt hast du nasse Füße und wirst dich erkälten!‹, was dem fürsorglichen Eltern-Ich-Zustand entspricht, oder: ›Nun hast du meine schöne neue Hose mit dreckigen Wasserspritzern ruiniert!‹, was aus dem kritischen Eltern-Ich stammt. Wie reagieren die Kinder, um die gewünschte Aufmerksamkeit der Eltern und Bezugspersonen auf sich zu ziehen? Ein **angepasstes Kind** wird bei der nächsten Pfütze seine Bezugsperson ansehen und darum herumgehen, ein **rebellisches** wird erst recht hineinspringen.

Kinder, die eher angepasst sind, sagen dann so etwas wie: ›Schau, Mami, heute hab ich keine nassen Füße‹, oder: ›Papi, heute habe ich deine neue Hose nicht schmutzig gemacht‹. Manchmal ist es dann so, dass die Erwachsenen diese Verhaltensweisen nicht anerkennen, das Kind also dafür keine Aufmerksamkeit erhält.

Im Extremfall haben Kinder gelernt, dass ihnen viel Aufmerksamkeit zuteil wird, wenn die Bezugspersonen wütend auf sie sind. Und auch wenn sich das eventuell grausam anhört, so fragen Sie sich doch bitte einmal, Frau Wagner: Wie viel Aufmerksamkeit steckt in einer Ohrfeige oder einem Schlag? Haben Sie sich schon mal klargemacht, wie viel Energie auch darin liegt, wenn man einen Gegenstand nach einer Person schleudert, verglichen mit der Energie, wenn man etwas Nettes zu jemandem sagt? Auch wenn etwas Nettes viel schöner ist und auch eine angenehmere Energie hat, so steckt in Wut noch eine ganz andere Kraft und Energie. Insofern kann es sein, dass Kinder absichtlich in die Pfütze hineinspringen, weil sie instinktiv merken, dass sie mit einem solchen Verhalten die Aufmerksamkeit der Erwachsenen für sich haben – und sei es in Form eines Wutausbruchs.«

»Aber was kann ich damit in meinem Arbeitsalltag anfangen?«, wollte Daniela wissen.

»Zunächst können Sie sich fragen, aus welchem Ich-Zustand Sie am Arbeitsplatz kommunizieren. Als Besserwisserin, die häufig im kritischen Eltern-Ich ist und auch so mit sich und den anderen umgeht? Oder sind Sie um das Wohlergehen Ihrer Kolleginnen und Kollegen besorgt und kommunizieren aus dem fürsorglichen Eltern-Ich?

Beide Ich-Zustände führen zu Schwierigkeiten, wenn sie zu oft vorherrschen. Es kann sein, dass Mitarbeitende oder Kollegen sich über die Maßen bevormundet und/oder kritisiert fühlen. Häufig ist es so, dass wir gegenüber einer Person, die im Eltern-Ich ist, automatisch ins Kind-Ich rutschen und uns dann auch so fühlen wie damals als Kind. Für die tägliche Zusammenarbeit ist das nicht förderlich.

Aber gibt es überhaupt einen idealen Ich-Zustand? Wenn es in Besprechungen darum geht, Aufgaben abzuklären, ist sicherlich das Erwachsenen-Ich gefragt. Informationen werden möglichst auf der Sachebene transportiert. Für beide Seiten ist das okay, und jeder kann auf gleicher Augenhöhe nachfragen, wenn er oder sie etwas nicht verstanden hat – das ist im Arbeitsalltag zielführend.

Doch es ist auch wichtig, ab und zu das kritische und das fürsorgliche Eltern-Ich einzunehmen, indem man etwa kritische Fragen stellt oder sich um das Wohlergehen seiner Kollegen kümmert. Allerdings rutscht man dann schnell in die Position ›Ich bin okay, du bist nicht okay‹. Selbst wenn wir der Meinung sind, fürsorglich zu unserer Kollegin zu sein, weil es ihr vielleicht nicht so gut geht, deutet die Position ›Ich bin okay, du bist nicht okay‹ an, dass ich der Meinung bin, ihr gehe es schlechter als mir und ich müsste mich um sie kümmern.

Wenn also eine Kollegin ins Büro kommt und erzählt, dass es zu Hause Streit gegeben hat, können wir darauf fürsorglich reagieren: ›Oh je, du Arme, was ist denn Schlimmes passiert? Setz dich doch erst mal, ich hole dir einen Kaffee.‹ Wir können aber auch aus dem Erwachsenen-Ich eine Ich-Botschaft senden: ›Guten Morgen, liebe Sabine, auf mich machst du heute Morgen einen bedrückten Eindruck.‹ Und dann können wir eine der folgenden Fragen anschließen: ›Möchtest du was erzählen?‹ oder ›Was kann ich für dich tun?‹ Wir überlassen es der Kollegin, ob sie unsere Unterstützung annehmen will oder nicht. Wir können auch noch hinzufügen: ›Ich hole dir gerne erst mal einen Kaffee, was meinst du?‹ Auch dann hat die Kollegin die Möglichkeit, unsere Fürsorge anzunehmen oder nicht.«

»Aber was kann ich damit in meinem Arbeitsalltag anfangen?«, wiederholte Daniela. »Was ist mit dem Kind-Ich-Zustand im Büro?«

»Das natürliche Kind-Ich sollte gerade auch dort gepflegt werden. In diesem Zustand sind wir beispielsweise, wenn wir gemeinsame Erfolge feiern, zusammen lachen und uns freuen. Aus meiner Sicht täte es uns allen gut, wenn wir häufiger miteinander lachen würden – aber bitte nicht über Witze auf Kosten von anderen! Ich spreche von der reinen Freude, die aus dem tiefsten Herzen kommt, wenn wir begeistert von einer Tagung erzählen und den anderen berichten, was wir alle daraus für unsere Arbeit lernen können.

Die beiden anderen Kind-Ich-Zustände – angepasst oder rebellisch – sind Reaktionen auf den Eltern-Ich-Zustand unseres Gesprächspartners. Die meisten von uns fühlen sich in diesem Zustand nicht über längere Zeit wohl – das gilt besonders für die Partnerschaft.« Frau Rosenblatt machte eine Pause. »Bevor ich auf weitere Aspekte der Transaktionsanalyse zu sprechen komme, möchte ich gerne den Dialog mit dem Vertriebsleiter mit Ihnen durchgehen. Frau Wagner, was denken Sie, auf welcher Ebene hat er mit Ihnen gesprochen, als er zu Ihnen ins Büro gekommen ist?«

Daniela überlegte. »Schwer zu sagen, es könnte das rebellische Kind-Ich gewesen sein. Er war ja wütend, und vielleicht wollte er durch sein Gepolter meine Aufmerksamkeit bekommen.«

»Das sehe ich genauso.« Frau Rosenblatt nickte. »Auf der Kind-Ich-Ebene lassen wir unseren Impulsen freien Lauf und kontrollieren sie nicht wie Erwachsene. Und auf welcher Ebene haben Sie darauf reagiert?«

»Ich denke mal, aus dem kritischen Eltern-Ich, schließlich habe ich von oben herab gefragt, ob man hier nicht in Ruhe arbeiten könne.«

»Genau. Dadurch hat er sich in seinem Kind-Ich angesprochen gefühlt. Hier gibt es wieder die verschiedenen Muster der Reaktion – Angriff, Flucht, Erstarrung. Ihr Vertriebsleiter hat Angriff gewählt. Damit ist wiederum er ins kritische Eltern-Ich gegangen. Nun wollte er *Sie* klein machen mit seiner sehr abfälligen Bemerkung. Frau Wagner, wie haben Sie als Kind reagiert, wenn bei Ihnen jemand laut wurde, falls das vorgekommen ist?«

»Mein Vater konnte das gut. Am besten war es dann, wenn ich erst mal nichts gesagt habe. Je mehr ich früher versucht habe, mich zu verteidigen, desto wütender ist er geworden.«

»Das habe ich mir fast gedacht«, sagte Frau Rosenblatt. »Als Sie mir vorhin den Dialog mit dem Vertriebsleiter geschildert haben, schienen Sie mir so perplex gewesen zu sein, dass Sie automatisch in das Muster Ihrer Kindheit verfallen sind, nämlich einfach nichts zu sagen. Wie wir gesehen haben, hat Ihr Vertriebsleiter andere Muster, das heißt, er reagiert auf Schweigen, indem er noch mehr Öl ins Feuer gießt. Deshalb hat er noch eine Bemerkung ›nachgelegt‹. Damit hat er allerdings Ihre Schmerzgrenze überschritten, weshalb Sie dann auch aus dem Eltern-Ich heraus reagiert und ihn in die Schranken gewiesen haben. – Frau Wagner, wie geht es Ihnen mit diesem Modell und meinen Erläuterungen?«

»Wie immer.« Daniela lächelte. »Ich finde es sehr interessant, und von den anderen Dingen, die wir im Coaching schon besprochen haben, weiß ich, wie hilfreich das ist. Aber ich merke auch, dass ich Zeit brauche, um das alles zu verinnerlichen. Und regelmäßig stelle ich mir die Frage, wofür genau ich das an meinem Arbeitsplatz einsetzen kann.«

»Es gibt zu diesem Modell noch Weiterentwicklungen, zum einen die sogenannten vier Grundhaltungen nach Harris, zum anderen das sogenannte Drama-Dreieck und das Thema mit den Rabattmarken.«

»Über die Rabattmarken wollten wir ja auch noch sprechen!«

»Das machen wir gleich«, sagte Frau Rosenblatt. »Ich erkläre Ihnen kurz die Grundhaltungen und wir schauen, welche Erkenntnisse Sie daraus für Ihre Arbeit nutzen können.« Sie reichte Daniela das Arbeitsblatt zu dem Thema.

Grundhaltungen nach Harris – Gespräche auf Augenhöhe

Nachdem sie Daniela einen Moment Zeit gegeben hatte, das Papier zu überfliegen, fuhr Frau Rosenblatt fort: »Aus diesen drei Ich-Zuständen entwickelte Harris die vier Grundhaltungen[33]:

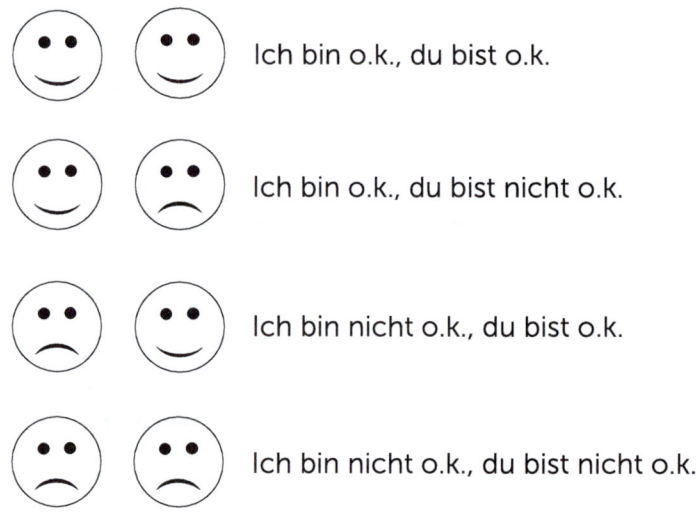

Abbildung 10: Grundhaltungen nach Harris

1. Die erste Grundhaltung – ›**Ich bin okay, du bist okay**‹ – ist dann gegeben, wenn wir offen und vorurteilsfrei ein Gespräch mit unserem Gegenüber beginnen. Unabhängig von Erfahrung und anderen Annahmen messen sich beide Gesprächspartner denselben Wert zu. Das ist eine Haltung voller Respekt und Wertschätzung für den anderen. Diese Grundhaltung entspricht der Kommunikation auf der Erwachsenen-Ich-Ebene. Sie ist zum größten Teil von Sachlichkeit geprägt.

2. In der nächsten Grundhaltung – **›Ich bin okay, du bist nicht okay‹** – hat jemand das Gefühl von Dominanz und/oder Überlegenheit. Diese Person spricht aus dem Eltern-Ich heraus. Wir haben vorhin schon kurz über den Satz gesprochen: ›Sie wissen ja, warum Sie hier sind …?‹ Diese – vermeintlich – überlegene Haltung soll den Gesprächspartner einschüchtern, weil sich die gesprächsführende Person Vorteile davon verspricht, wenn sie Macht demonstriert. Dies kann auf allen drei Kommunikationskanälen geschehen:

- Nonverbal, wenn die Person zum Beispiel hinter einem wuchtigen Schreibtisch sitzt.
- Paraverbal, das heißt, über die Stimme, wenn die Person beispielsweise einen herrischen Ton anschlägt.
- Und verbal beispielsweise mit der Aufforderung: ›Setzen Sie sich!‹ – wobei es sicherlich auch hier auf den Tonfall ankommt.

Ich denke, wir kennen alle solche Situationen, in denen wir uns unterlegen gefühlt haben – kein schönes Gefühl. Unsere Reaktionen sind dann bestimmt von Angst oder von Aggression gegen den Gesprächspartner. Es ist ein ›Kampf‹ von ›Macht‹ versus ›Ohnmacht‹, und auch wenn das manchen übertrieben erscheinen mag, so ist es genau das, was dahintersteckt. Die gesprächsführende Person will recht haben, gewinnen, und dafür soll die andere Person das von ihr begangene ›Unrecht‹ eingestehen und einlenken. Solche Gespräche gehören hoffentlich bald der Vergangenheit an, wenn Hierarchien sich auflösen und wir alle mehr auf Augenhöhe arbeiten.

3. Die nächste Grundhaltung – **›Ich bin nicht okay, du bist okay‹** – ist die Komplementärhaltung zu der soeben beschriebenen. Da geht jemand mit einem Gefühl der Unterlegenheit, eventuell auch einem gewissen Schuldbewusstsein, in das Gespräch und befindet sich eher im Kind-Ich. Je nachdem, welches Kind-Ich dominiert, ist die Person als rebellisches Kind auf Angriff aus, als angepasstes Kind

darauf, klein beizugeben. Diese innere Grundhaltung drückt sich oft auch in der Körperhaltung aus: hängende Schultern, gesenkter Blick, leise Stimme, unzusammenhängende Sätze beim angepassten Kind-Ich. Beim rebellischen Kind-Ich kommt dann die Einstellung durch: ›Du hast mir gar nichts zu sagen!‹ Diese kann auch schon mal schnell ins kritische Eltern-Ich übergleiten, wenn jemand sich damit über seinen Gesprächspartner zu stellen versucht. Auch das ist keine gute Ausgangsbasis für ein konstruktives und lösungsorientiertes Gespräch.

4. Und schließlich die letzte Haltung – ›**Ich bin nicht okay, du bist nicht okay**‹. Dabei sprechen beide Gesprächspartner aus einer anderen Haltung als dem Erwachsenen-Ich heraus. Solche Dialoge können entweder schon Konflikte sein oder begünstigen, dass sich ein Konflikt daraus entwickelt. Die vierte Grundhaltung ist die schlechteste Ausgangsbasis für ein Gespräch.

Auch wenn es sich sehr schwer bis unmöglich anhört, so sollte unser Ziel vor Gesprächsbeginn immer sein, die Grundhaltung ›Ich bin okay, du bist okay‹ einzunehmen. Hier reagieren meine Seminarteilnehmer meist entrüstet, und ich höre Sätze wie: ›Aber wenn ein Mitarbeiter Mist gebaut hat, dann muss ich ihm das doch sagen‹, oder: ›Man wird ja noch mit der Faust auf den Tisch hauen dürfen‹, oder: ›Ich kann doch als Führungskraft keinen Schmusekurs mit meinen Mitarbeitern fahren‹. Auch wenn diese Argumente aus der Tradition heraus verständlich sind, so verlaufen insbesondere heikle Gespräche besser, wenn man dem anderen denselben Wert beimisst. Nur weil jemand einen Fehler gemacht hat, ist er ja nicht weniger wert als sein Gesprächspartner. Und ja, kritisieren muss man als Führungskraft, aber das geht auch auf einer sachlichen Ebene und auf Augenhöhe.
Für herausfordernde Gespräche bedeutet dies, dass wir zunächst daran arbeiten sollten, unseren Ärger über die andere Person zu verringern und ihre positiven Seiten zu sehen. Wie häufig bin ich schon wütend

in ein Gespräch hineingegangen und habe während des Dialogs gemerkt, dass ich die Position der anderen Person gut nachvollziehen konnte, wenn ich mich in diese hineinversetzt habe. Es war mir immer sehr unangenehm, wenn ich festgestellt habe, dass ich aus meiner Sicht geurteilt – und die Person auch verurteilt – hatte, ohne ihre Position zu kennen. Manchmal war ich dann richtig beschämt. Und so arbeite ich in solchen Situationen zunächst daran, meinen Ärger zu reduzieren. Mittlerweile weiß ich, dass ich immer noch die Wahl habe, mich zu ärgern oder nicht, und auch das hilft mir, auch wenn ich das nicht so einfach finde, wie es sich anhört. Oft überlege ich mir vorher ganz bewusst, welche Dinge ich an dem oder der anderen gut finde. Dazu habe ich vor einiger Zeit bei einem Seminar eine erstaunliche Übung gemacht. Wir sollten alle überlegen, welche Person wir am wenigsten mögen, wer uns am meisten verletzt hat. Im zweiten Schritt sollten wir für diese Person fünf positive Eigenschaften aufschreiben – eine für mich erkenntnisreiche Übung, fiel es mir doch am Anfang in meinem Ärger sehr schwer, an dieser Person überhaupt etwas Positives zu erkennen.

Es ist wichtig, dass Führungskräfte in Kritikgesprächen zunächst die erste Grundhaltung einnehmen. Ebenso sollten Mitarbeitende unvoreingenommen in das Gespräch mit ihrem Chef gehen. Hier passt wieder der Satz von Stephen Covey: ›Bemühe dich mehr darum, zu verstehen, als darum, verstanden zu werden.‹[34] Und auch hier haben wir immer die Wahlmöglichkeit, mit dieser Wertschätzung bei uns selbst zu beginnen. Wenn jemand im Seminar sagt: ›Wie soll ich dem diese Wertschätzung entgegenbringen, wo der mich doch immer so mies behandelt?‹, dann ermuntere ich ihn oder sie dazu, den ersten Schritt zu tun. Andere Menschen können wir nicht ändern, aber bei uns selbst haben wir es jederzeit in der Hand, ob wir an alten Gewohnheiten, zum Beispiel altem Ärger, festhalten möchten oder uns für eine andere Sichtweise entscheiden.

Wenn wir den ersten Schritt tun, werden Gespräche durch unsere geänderte Haltung viel positiver verlaufen als vorherige. Vielleicht schaffen wir es sogar, eine gemeinsame Lösung zu finden. Wir müssen nicht direkt mit der Person befreundet sein. Es geht darum, ihr die Wertschätzung und den Respekt entgegenzubringen, die wir uns auch wünschen.

Frau Wagner, ich kann gut verstehen, wie sehr Sie erschrocken sind, als Herr Bauer in Ihr Büro geplatzt ist. Wir haben ja schon darüber gesprochen, dass wir alle in frühere Muster fallen können, wenn wir uns überrumpelt fühlen. Wenn wir uns das jetzt gemeinsam ansehen: Was für einen Rat würden Sie sich selbst für die Zukunft geben?«

»Ich sollte möglichst auf der Sachebene bleiben, im Erwachsenen-Ich.« Daniela schüttelte langsam den Kopf. »Aber wie kann ich das schaffen, wenn er sich so unmöglich aufführt?«

»Das genau ist die Kunst, Frau Wagner. Im Laufe der Zeit haben Sie ja schon festgestellt, dass der Vertriebsleiter durchaus auch seine positiven Seiten hat. In dem Moment, in dem Sie daran denken und sich innerlich fragen: ›Was ist los? Was ist mit ihm passiert? In der letzten Zeit habe ich ihn doch auch anders kennengelernt‹, sind Sie auf der Erwachsenen-Ich-Ebene und können ihm diese Fragen dann auch von dieser Ebene aus stellen.«

»Das leuchtet mir ein. Allerdings finde ich das wieder einfacher gesagt, als getan. Frau Rosenblatt, Sie haben vorhin gesagt, das Modell mit den vier Grundhaltungen wäre noch weiterentwickelt worden. Ich habe nur noch das Wort Drama im Kopf, und das interessiert mich sehr!« Frau Rosenblatt nickte und reichte Daniela ein neues Arbeitsblatt. »Ich erkläre es Ihnen gern.

Das Drama-Dreieck: Opfer – Täter – Retter

Stephen Karpman war einer der Forscher, die im Umfeld von Eric Berne und seinen Veröffentlichungen zur Transaktionsanalyse arbeiteten. Laut dem nach ihm benannten ›Karpman-Triangle‹, im Deutschen auch ›Drama-Dreieck‹ genannt, kann es im sozialen Miteinander eine Dreieckskonstruktion wie auf dem Arbeitsblatt abgebildet geben.[35]

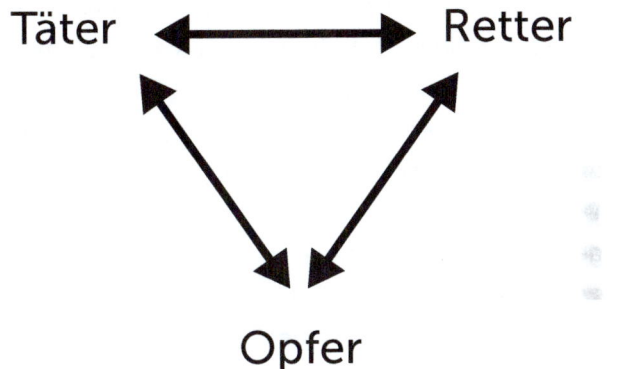

Abbildung 11: Das Drama Dreieck

In diesem Dreieck gibt es also ein Opfer, einen Täter und einen Retter. Das Grundmuster des Drama-Dreiecks lässt sich so beschreiben: Zum Beispiel signalisiert ein Opfer durch Schüchternheit Hilflosigkeit. Meist hat es auch schon ›seinen‹ Aggressor ausgemacht, den **Täter**. Dies kann sowohl eine reale Person sein, von der das Opfer sich gepiesackt fühlt, als auch etwas Abstraktes wie ›die Wirtschaft‹, ›die äußeren Umstände‹, ›die Erziehung‹, ›das Schicksal‹ und so weiter. Der Retter fühlt sich bewusst oder unbewusst verpflichtet, dem Opfer zur Seite zu stehen, es ›zu retten‹. Die Konstellationen gemäß der Transaktionsanalyse sind folgende:

- Opfer – Täter: ›Ich bin nicht okay, du bist nicht okay‹
- Retter – Täter: ›Ich bin okay, du bist nicht okay.‹
- Opfer – Retter: ›Ich bin nicht okay, du bist okay.‹

Es kann sein, dass der Retter eine gewisse Befriedigung aus seiner Rolle zieht, hilft er doch dem armen Opfer. Er steht diesem aus seiner Sicht bemitleidenswerten Menschen zur Seite und fühlt sich dadurch gut.

Diese drei Rollen sind nicht festgelegt, sie können in einer Interaktion durchaus wechseln. Allen drei Rollen ist gemeinsam, dass sich die Handelnden entweder im Eltern-Ich oder im Kind-Ich befinden, jedoch nicht im Erwachsenen-Ich. Selbst wenn wir Unterstützung benötigen, können wir diese aus dem Erwachsenen-Ich heraus formulieren, beispielsweise mit einer Ich-Botschaft. Mit klarer Stimme können wir sagen: ›Ich brauche Unterstützung.‹ In die Opferrolle rutschen wir dann, wenn wir uns in weinerlichem Ton darüber auslassen, wie schwierig alles ist und wie gut es die anderen haben.

Nehmen wir ein Beispiel aus dem beruflichen Alltag. Ein Kollege, Fritz, ärgert und piesackt seinen Kollegen Günther immer wieder, beispielsweise durch abwertende Bemerkungen. Manchmal gestalten sich diese Bemerkungen als Witz, den Fritz auf Günthers Kosten macht. Fritz ist in diesem Fall der Täter, Günther das Opfer. Nun gibt es immer wieder Personen, die das Opfer retten wollen. In diesem Fall ist es der Kollege Karl, der seinem Kollegen Günther zur Seite steht und vielleicht Fritz beleidigt oder ihn anherrscht, er möge Günther nicht so herablassend behandeln.

Die Forschung zum Drama-Dreieck besagt, dass es nun verschiedene Möglichkeiten gibt, wie sich das Ganze weiterentwickeln wird. Zum einen ist es möglich, dass Fritz seine Angriffe nun gegen Karl richtet, weil er sich von diesem angegriffen fühlt. Dann fühlt sich Fritz in der Opferrolle. Oder Opfer und Täter, in diesem Fall Fritz und Günther wenden sich gemeinsam gegen Karl, weil sie seine Einmischung als unpassend empfinden. In diesem Fall würde aus dem Retter Karl dann das Opfer. In der Praxis ist es wichtig, solche Aktionen zu durchschauen.«

Die Opferrolle. »Nach meiner Erfahrung hat die Opferrolle durchaus ihre Vorteile«, warf Daniela ein. »Man kann den anderen vorjammern, wie schlecht es einem geht, wie benachteiligt man vom Leben ist und so weiter. Ich habe das Gefühl, dass sich manche Leute regelrecht in ihrer Opferrolle suhlen.«

Frau Rosenblatt nickte. »Diese Opfer möchten im Grunde gar keine Hilfe, da sie in der Opferrolle sehr viel Aufmerksamkeit und Zuwendung bekommen. Das kann ein altes Muster sein, wenn ein Kind gelernt hat, dass es immer dann viel Aufmerksamkeit bekam, wenn es krank war und sich die Mutter dann mehr um es kümmerte als sonst. Eine Opferrolle kann sich auch darin äußern, dass eine Person sich für die Kollegen aufreibt, nie Nein sagt. Sie erträgt alles mit einer Leidensmiene und hofft darauf, dass es doch bitte jemandem auffällt, wie viel sie leistet. Typische Sprüche sind: ›Undank ist der Welten Lohn‹, oder: ›Da rackert man sich die ganze Zeit ab und wenn man selbst etwas braucht, dann ist keiner da!‹ Manchmal schlagen Opfer Hilfsangebote aus, ohne darüber nachgedacht zu haben. Sie empfinden es als anstrengend und wenig lohnenswert, im Erwachsenen-Ich Verantwortung für sich und das eigene Leben zu übernehmen.«

»So ein Verhalten macht mich aggressiv«, sagte Daniela, »obwohl ich mich grundsätzlich für einen friedfertigen Menschen halte. Die Gefühle, die dann in mir aufkommen, gehen in die Richtung, dass ich mich ausgenutzt fühle, schlimmstenfalls sogar in meiner Gutmütigkeit missbraucht.«

»Ich kenne das auch«, entgegnete Frau Rosenblatt. »Aber spätestens an dieser Stelle wird es schwierig, weil wir dann die Täterrolle annehmen und damit die Befürchtungen des Opfers, dass immer alle gegen es sind, bestätigen. Ich verhalte mich inzwischen in solchen Situationen so: Nach einer gewissen Anzahl von Hilfsangeboten lasse ich diese dann einfach im Raum stehen, ohne mir weiter anzuhören, warum man dieses oder jenes nicht realisieren kann. Je nachdem, wie reflektiert das Opfer sein Verhalten sieht, wird es sich auf die Suche nach einem anderen Retter machen, wenn ich diese Rolle nicht länger übernehme. Es kann aber auch sein, dass es sich in seiner Rolle nicht mehr wohlfühlt.

Es merkt vielleicht, dass es mit seiner Masche nicht mehr weiterkommt, und sucht nach neuen Verhaltensweisen, wobei das ein gewisses Maß an Selbstreflexion voraussetzt.

Die Retterrolle. Erinnern Sie sich an das Beispiel mit meiner Bekannten, der ich bei der Gestaltung von Word-Dokumenten geholfen habe, Frau Wagner? Ich wusste, dass sie, das Opfer, sich damit nicht gut auskannte, und habe deshalb immer eingewilligt, wenn sie mich um Unterstützung bat. Am Anfang fand ich meine Retterrolle prima und war geschmeichelt. Aber mit der Zeit fühlte ich mich immer mehr ausgenutzt. Deshalb habe ich ihr gezeigt, wie ich es mache, und es nicht mehr selbst für sie erledigt. ›Täter‹ waren hier die äußeren Umstände – davor rettete ich meine Bekannte, deren PC-Kenntnisse ich als geringer empfand. Auch nachdem sie wusste, wie es ging, fragte sie mich noch eine Zeit lang, ob ich es doch machen könne. Ich lehnte immer wieder ab. Ich bin ihr in gewisser Weise dankbar, weil sie mir einen Spiegel vorgehalten hat, wie unangenehm es für die anderen ist, wenn sich jemand häufig in die Opferrolle begibt und das zur Schau stellt. Es hat mir geholfen, mich weitgehend von meiner eigenen Opferrolle zu verabschieden. Erst da wurde mir auch bewusst, dass ich früher häufig aus der Opferrolle heraus gehandelt hatte. Erst später ist mir klar geworden, dass dies zu den Mustern gehörte, die ich in meiner Kindheit gelernt hatte. Natürlich ist es anstrengend, die Opferrolle abzustreifen und jederzeit die Verantwortung für sich und sein Leben zu übernehmen – aber es macht gleichzeitig auch frei. Dann wissen wir, dass wir selbst es sind, die unser Leben gestalten, und zwar hauptsächlich durch unsere Gedanken. Früher habe ich häufiger gedacht, dass mein Leben von den anderen gestaltet wird. – Frau Wagner«, sagte Frau Rosenblatt »gibt es hier etwas, das Ihnen bekannt vorkommt?«

»Oh ja, mich erinnert das sehr an meine Mutter, die immer wieder aufzählt, was sie nicht kann, was andere besser können. Ist es möglich, dass das in meinem heutigen Leben eine Rolle spielt?«

»Es könnte sein, dass Sie als Kind versucht haben, Ihrer Mutter zu helfen. Und vielleicht schlüpfen Sie heute bei Kolleginnen wie Angelika unbewusst wieder in diese Rolle, nämlich in die der Retterin. Und Angelika versteht es intuitiv hervorragend, Sie in dieser Rolle anzusprechen. Es gibt sicherlich irgendwo in Ihnen eine Stelle, der es guttut, gelobt zu werden. Und es kann wie gesagt ein Gefühl der Überlegenheit auslösen, wenn wir wissen, dass wir etwas Bestimmtes besser beherrschen als andere, wie Sie zum Beispiel außerordentlich gut PowerPoint-Präsentationen erstellen können. Besonders, wenn wir uns manchmal unterlegen fühlen, kann es wohltuend für uns sein, dass es etwas gibt, in dem wir den anderen überlegen sind. Dieser Teil unserer Persönlichkeit wird angesprochen, wenn wir in einem Bereich um Hilfe gebeten werden, in dem wir sehr gut sind. Und so kann es sein, dass Sie sich bei Angelika – genau wie ich damals bei meiner Bekannten – gleichzeitig unbewusst als Retterin empfinden und als Opfer, weil Sie sich ausgenutzt fühlen. Aber solche widerstreitenden Gefühle sorgen für Unzufriedenheit, wir sind dann nicht im Frieden mit uns.«

»Oh je, Frau Rosenblatt, das hört sich ja kompliziert an! Was kann ich denn nun tun?«

»Aus meiner Erfahrung ist es am besten, wenn Sie sich diese Zusammenhänge klarmachen und sich bewusst sind, dass Sie jederzeit die Herrin über Ihr Leben sind und jederzeit entscheiden können, ob Sie sich in eine dieser Rollen begeben beziehungsweise drängen lassen – in den wenigsten Fällen geschieht das bewusst, weil Ihre erlernten Muster wirksam werden.«

»Da habe ich wohl noch einiges vor mir …«, seufzte Daniela.

»Den ersten Schritt haben Sie schon getan, indem Sie jetzt diese Zusammenhänge kennen. Im weiteren Verlauf unseres Coachings werden wir diese Muster be- und verarbeiten mit dem Ziel, dass Sie souveräner handeln.« »Ja, das klingt nach einem lohnenswerten Ziel!«

»Das ist es auch, Frau Wagner. Wollen wir nun zu den Rabattmarken kommen?« Daniela nickte.

»Rabattmarken sammeln«

»Wir haben das Thema Rabattmarken ja jetzt schon mehrfach angetippt. Rüdiger Rogoll[36] beschreibt im Zusammenhang mit der Transaktionsanalyse das ›Sammeln von Rabattmarken‹ genauer. Das, was wir alle aus dem Supermarkt kennen, lässt sich auch auf emotionale Bereiche übertragen. Im Supermarkt geben wir ein mit Marken vollgeklebtes Rabattmarkenheft ab und bekommen eine Prämie. Emotional läuft das ähnlich ab. Rogoll schreibt dazu: ›Das Sammeln von psychologischen Rabattmarken bedeutet in der Transaktionsanalyse-Sprache das Aufbewahren von bestimmten Gefühlen so lange, bis genügend von ihnen vorhanden sind, um sie dann für einen größeren oder kleineren psychologischen Preis – sozusagen einen schuldfreien Racheakt – einzutauschen.‹ Das heißt, alles kann ganz harmlos beginnen. Wir tun der Kollegin einen kleinen Gefallen und erwarten, dass sie sich irgendwann dafür erkenntlich zeigt. Da sie die Situation anders wahrnimmt, kommt sie eventuell gar nicht auf die Idee, dass von ihr eine Gegenleistung erwartet wird. Und so kommt sie immer wieder, bittet um weitere Dinge – das ist für sie gegebenenfalls auch einfach und bequem –, bis es uns irgendwann zu bunt wird und die ganze aufgestaute Enttäuschung darüber, dass sie nie etwas für uns getan hat, sich in einem Ausbruch von Wut und Zorn entlädt. Die Rabattmarken waren die Handlungen, die wir für sie gemacht haben. Und wenn das Rabattmarkenheft voll ist, wird unbewusst der Impuls ausgelöst, dass wir uns jetzt auch einmal erlauben können, ›ein klares Wort zu diesem Verhalten zu sagen‹. Leider schießen wir bei einem solchen Ausbruch häufig weit über das Ziel hinaus und fühlen uns meist auch noch im Recht, nach dem Motto: ›Wenn ich schon so viel für die tue, dann kann ich der auch mal meine Meinung sagen!‹

Besser ist es, die eigene Meinung frühzeitig kundzutun – und bitte aus dem Erwachsenen-Ich heraus. Das heißt, es ist wichtig, die Bitte der Kollegin im Beispiel abzulehnen, statt sich über sie zu ärgern und weiter Rabattmarken in das emotionale Rabattmarkenheft zu kleben. Doch oft scheint es uns leichter, vieles mitzumachen und zu denken ›… der werde ich's noch zeigen!‹, als dem anderen offen und ehrlich zu verstehen zu geben, wann uns etwas zu viel wird. Wenn wir klar kommunizieren, was wir tun können und was nicht, dann steigt unsere Zufriedenheit. Oder anders herum: Wenn wir in uns ruhen und mit uns im Frieden sind, dann wissen wir, was wir übernehmen können und was nicht, und kommunizieren das dementsprechend. – Frau Wagner, kann es sein, dass das auf die Situation mit Ihrer Kollegin Angelika zutrifft?«, fragte Frau Rosenblatt.

»Ja, da haben Sie den Nagel auf den Kopf getroffen!«, antwortete Daniela. »Dann hätte ich sogar auch einen Anteil daran, dass das alles so eskaliert ist?«

»Ich denke schon. Meist haben wir auch unseren Anteil an Situationen, in denen wir uns befinden …«, sagte Frau Rosenblatt nachdenklich.

»Meiner Meinung nach begeben wir uns sogar bewusst oder unbewusst in jede Situation.«

»Das glaube ich aber gar nicht!«, fuhr Daniela auf. »Wie können Sie so was behaupten?«

»Es ist meine Meinung *und* meine Erfahrung – und zudem ein Punkt, an dem ich noch arbeite.«

Daniela war ein wenig beruhigt. Wenn Frau Rosenblatt selbst noch daran arbeitete, so war sie zum Glück auch nicht so perfekt, wie Daniela bisher geglaubt hatte …

»Frau Wagner, welche Fragen haben Sie noch für heute?«

Daniela schaute auf die Uhr. Sie wusste, dass Frau Rosenblatt wie immer am Ende der Sitzung sicherstellen wollte, dass Daniela drängende Fragen noch stellen konnte und diese nicht mit nach Hause nahm. »Keine konkreten Fragen, Frau Rosenblatt. Über das, was Sie zuletzt gesagt haben, könnten wir sicherlich noch eine Weile diskutieren, doch ich habe gerade gesehen, dass unsere Zeit für heute um ist. Ich werde mir wie immer alles noch einmal durchlesen und darüber nachdenken. Bei Bedarf werde ich mir auch Ihre Videos ansehen. Herzlichen Dank und bis zum nächsten Mal.«

»Auf Wiedersehen, Frau Wagner.«

9. WAS TUN, WENN ES DOCH KRACHT?

Daniela fuhr mit gemischten Gefühlen zum nächsten Coaching-Termin. Beim letzten Mal hatte Frau Rosenblatt ihr alles so gut erklärt, und dann war es ihr doch passiert – trotz Transaktionsanalyse und Rabattmarkenheft. Sie war mit ihrer früheren Kollegin Else total aneinandergeraten. Else war eine Art Urgestein im Unternehmen. Sie stand kurz vor der Pensionierung und hatte ihr ganzes Arbeitsleben bei der IMEXIT verbracht. Schon damals, während ihrer Zeit in der Exportabteilung, hatte Daniela den Eindruck, dass Else ihr das Leben regelmäßig schwer zu machen versuchte. Nie konnte man es Else recht machen, immer hatte sie etwas auszusetzen. Sie war überhaupt der Typ, der morgens schon genervt an den Arbeitsplatz kam und den ganzen Tag alles und jeden dafür verantwortlich machte, dass ihr die Arbeit keinen Spaß machte. Seinerzeit war Daniela froh gewesen, als sie endlich auf ihre jetzige Position wechseln konnte. Das allerdings hatte nicht zu einer Besserung ihrer Beziehung beigetragen, im Gegenteil: Else war der Meinung, dass Daniela ihr den Posten weggeschnappt hatte, weil sie eindeutig fitter am Computer war. Zudem hatte sie an der Arbeit am Rechner mehr Interesse gezeigt, was für die Assistentin des Personalchefs noch wichtiger war als gute Fremdsprachenkenntnisse. Seither war Daniela Else möglichst aus dem Weg gegangen.
In der letzten Woche war Else in Danielas Büro gekommen, weil sie Frau

Jung sprechen wollte. Da diese nicht da war, hatte Daniela gefragt, worum es ginge. Else hatte erwidert, dass sie mit Frau Jung über ihre Pensionierung sprechen wollte. Daraufhin war Daniela herausgerutscht: ›Ach, ist es so weit!‹ – Else war explodiert.

Sie hatte Daniela angeschrien, sie brauche sich gar nicht so darüber zu freuen, dass sie bald nicht mehr da sei, und hatte ihr weitere unschöne Dinge an den Kopf geworfen. Daniela hatte kurz an die Rabattmarken gedacht, in ihrer Wut dann aber doch impulsiv zurückgeschrien, was sonst nicht ihre Art war. Erst als Frau Jung zur Tür hereinkam und sich über die beiden streitenden Frauen wunderte, fing Daniela an, sich zu schämen. Frau Jung hatte Else in ihr Büro gebeten, und Else hatte Daniela noch ein abschließendes: ›Bald bist du mich los!‹ zugeworfen.

Daniela hatte darüber nachgedacht, ob und wie der Streit mit Else zu vermeiden gewesen wäre, und das fragte sie auch Frau Rosenblatt, nachdem sie die Vorkommnisse geschildert hatte.

»Ja, das wäre wohl möglich gewesen«, sagte Frau Rosenblatt. »Ungeklärte Situationen, unterdrückter Ärger, ein volles Rabattmarkenheft – all das sind Dinge, die früher oder später zu Konflikten führen. Was ein Konflikt ist, wie dieser eskalieren kann und welche Möglichkeiten es zu seiner Lösung gibt, werden wir heute genauer besprechen.«

»Das ist prima!« Daniela richtete sich in ihrem Sessel auf. »Ich habe in meinem stillen Kämmerlein festgestellt, dass ich noch ein paar ziemlich volle Rabattmarkenhefte habe, und ich möchte nicht, dass ich ähnlich ausraste wie bei Else. Das wäre mir peinlich ...«

»Das kann ich gut nachvollziehen«, sagte Frau Rosenblatt und drückte Daniela ein weiteres Arbeitsblatt in die Hand.

FOKUSFRAGEN zu Konflikten:
- Welche Konflikte kenne ich?
- Wann habe ich mit wem einen Konflikt?
- Wie löse ich bisher meine Konflikte?

»Eine friedliche Grundhaltung bedeutet nicht, dass wir ständig nachgeben, Frau Wagner. Es bedeutet, dass wir unsere Wünsche und Vorstellungen klar ausdrücken und dann gemeinsam mit unserem Gegenüber oder mehreren Gesprächspartnern zu einem Ergebnis kommen, bei dem die Interessen aller möglichst gut vertreten sind, im Sinne einer kooperativen Konfliktlösung.

Wir alle kennen Konflikte. Doch was genau ist ein Konflikt? Ein Konflikt kann sowohl innerhalb einer Person – intrapersonal – als auch zwischen Personen – interpersonal – auftreten. Er zeichnet sich durch eine Spannungssituation aus, bei der es zwei – scheinbar – unvereinbare Standpunkte gibt.

Ein **intrapersonaler** Konflikt liegt zum Beispiel vor, wenn Sie sich am Arbeitsplatz überlegen, ob Sie aufstehen und sich noch eine Tasse Kaffee holen sollen, weil Sie Lust darauf haben, oder ob Sie lieber darauf verzichten, weil Sie wissen, dass Sie sonst in der kommenden Nacht schlecht schlafen werden.«

Daniela grinste. »Das kenne ich gut ...«

Frau Rosenblatt lächelte zurück. »Dann sind Sie also hin- und hergerissen zwischen dem Wunsch, jetzt eine Tasse Kaffee zu genießen, und der Befürchtung, in der Nacht nicht gut zu schlafen. Friedemann Schulz von Thun nennt diese in einer Person vorhandenen Aspekte das ›Innere Team‹[37]

Interpersonale Konflikte liegen vor, wenn sich mindestens zwei Personen mit scheinbar unvereinbaren Positionen gegenüberstehen. Zum Beispiel, wenn der Chef dringend noch etwas von seinem Mitarbeiter braucht, dieser aber versprochen hat, sein Kind rechtzeitig von der Tagesstätte abzuholen.

Der österreichische Ökonom und Organisationsberater Friedrich Glasl gilt als einer der bekanntesten Konfliktforscher. Seine Definition eines sozialen Konflikts lautet ...« Frau Rosenblatt unterbrach sich. »Am besten verfolgen Sie das auf Ihrem Arbeitsblatt, Frau Wagner.«

Daniela nickte.

»Ein sozialer Konflikt ist eine Interaktion
- zwischen Aktoren (Individuen, Gruppen, Organisationen usw.)
- wobei wenigstens ein Aktor
- eine Differenz bzw. Unvereinbarkeiten
  - im Wahrnehmen
  - und im Denken bzw. Vorstellen
  - und im Fühlen
  - und im Wollen
- mit dem anderen Aktor (den anderen Aktoren) in der Art erlebt,
- dass beim Verwirklichen dessen, was der andere Aktor denkt, fühlt oder will, eine Beeinträchtigung
- durch einen anderen Aktor (die anderen Aktoren) erfolge.«[38]

Laut dieser Definition reicht es auch schon aus, dass der Mitarbeiter im Beispiel sich von seinem Chef beeinträchtigt fühlt. Es kann ja sein, dass es Letzterem nicht bewusst ist, dass der Mitarbeiter an diesem Tag pünktlich gehen muss. Meist tritt an dieser Stelle mit dem äußeren Konflikt auch noch ein innerer Konflikt hinzu: Der Mitarbeiter wird sich fragen, was wichtiger ist: die Zusage einzuhalten, dass er sein Kind pünktlich abholen wird, oder die Aufgabe an seinem Arbeitsplatz zu erledigen. Je nachdem, wie viel Angst der Mitarbeiter vor Sanktionen seines Chefs hat, wird er nach einer anderen Lösung suchen oder den Konflikt mit der Tagesstätte – weil die Leute dort auf ihn warten mussten – in Kauf nehmen.

Sollte der Mitarbeiter sich dafür entscheiden, sein Kind abzuholen und die geforderte Aufgabe nicht zu erledigen, kann es sein, dass der Chef seinerseits wütend auf seinen Mitarbeiter wird, weil dieser ihm diese dringend benötigte Arbeit nicht liefert.

Beide werden eventuell Rabattmarken in ihr Rabattmarkenheft kleben. Der Mitarbeiter, weil er seinen Chef unberechenbar findet und er ihm das gerne bei nächster Gelegenheit heimzahlen will, beispielsweise, indem er vorgibt, länger als tatsächlich für die Bearbeitung gebraucht zu haben. Der Chef, weil er seinen Mitarbeiter für nicht kooperativ hält. Die einfachste Lösung besteht darin, dass man frühzeitig über die Dinge spricht. Das mag sich simpel anhören, aber in der Praxis erleben wir immer wieder, wie schwer es fällt. Da scheint es, dass sich zum Beispiel der Mitarbeiter lieber über seinen Chef ärgert und dann zu Hause erzählt, dass ›… der Alte wieder wollte, dass ich länger bleibe …‹, und umgekehrt der Chef zu Hause berichtet, dass ›… dieser Mitarbeiter schon wieder sein Privatleben vor seine beruflichen Interessen gestellt hat.‹ Wir beurteilen eine Situation eben immer aus unserer eigenen Sicht. – Wie fänden Sie es, wenn der Mitarbeiter seinem Privatleben Vorrang geben würde, Frau Wagner?«

»Ich frage mich, wie der dann weiterkommen will«, entgegnete Daniela.

»Gehen Sie davon aus, dass immer alle Personen im Beruf aufsteigen wollen?«

»Ja, wenn das so ist, dass er nicht weiterkommen will …«

»Je nachdem, wie wir groß geworden sind und worin unsere eigenen Ziele bestehen, ist es für andere schwer nachvollziehbar, wenn jemand mit seiner aktuellen Position zufrieden ist und keine weitere Beförderung wünscht. Ich kenne auch Beispiele, in denen jemand nach einer Beförderung darum gebeten hat, wieder auf den alten Posten zurückversetzt zu werden, weil ihm die Führungsverantwortung zu viel war. Im Vertrieb etwa steigen sehr gute Vertriebler zu Vertriebsleitern auf. Da das mehr administrative Aufgaben bedeutet, ziehen manche Vertriebler es vor, diese Position aufzugeben, um wieder direkt vor Ort beim Kunden zu sein, weil das die Tätigkeit ist, die sie erfüllt.«

»Frau Rosenblatt«, warf Daniela ein, »kann es sein, dass Herr Bauer deshalb auf mich oft so einen unzufriedenen Eindruck macht?«

»Möglich ist das, doch damit würden wir über seine inneren Motive spekulieren. Wenn Sie das interessiert, dann fragen Sie es ihn doch bei Gelegenheit.«

»Hm … warum eigentlich nicht?«, überlegte Daniela laut.

»Aber nun zurück zum Thema Konflikte«, sagte Frau Rosenblatt.

»Eine erste Möglichkeit, diese zu vermeiden, besteht darin, sich in einem Gespräch über die unterschiedlichen Ansichten und Ziele auszutauschen. Dies geht natürlich nur, wenn man die Zeit, Ruhe und Bereitschaft dazu mitbringt. Wenn man nicht darüber redet, schaukelt sich ein Konflikt immer weiter hoch. Unstimmigkeiten sollten möglichst früh abgeklärt werden. Aus meiner Sicht ist es mit Konflikten wie mit Verkäufern, denen man nachsagt, dass man sie zur Tür hinausschickt und sie zum Fenster wieder hereinkommen. Bei Konflikten tritt noch ein Lawineneffekt hinzu: Mit jeder weiteren Unstimmigkeit wird der Konflikt größer. Die Konfliktstufen von Glasl machen das ja sehr deutlich. – Frau Wagner, haben Sie sich schon einmal Gedanken darüber gemacht, was der Unterschied ist zwischen einer Meinungsverschiedenheit und einem Konflikt?«

Daniela schüttelte den Kopf.

Meinungsverschiedenheit oder Konflikt?

»Im Eisbergmodell haben wir gesehen, dass es eine Sach- und eine Beziehungsebene gibt«, fuhr Frau Rosenblatt fort. »Vieles von unserer Kommunikation findet auf der Sachebene statt oder berührt diese zumindest. Doch was ist nun der Unterschied zwischen einer Meinungsverschiedenheit und einem Konflikt?

Eine Meinungsverschiedenheit findet auf der Sachebene statt. Wenn wir rein sachlich diskutieren, ob wir Alternative A oder B bevorzugen und unser Gesprächspartner dieses Thema ebenso sachlich sieht, dann sind wir dabei, eine Meinungsverschiedenheit zu klären – diese Diskussion findet über der Wasseroberfläche statt.

Sobald sich eine Person angegriffen fühlt, kann es sich in Richtung eines Konfliktes entwickeln. Dabei spielt es keine Rolle, ob ich den anderen auf der Beziehungsebene treffen will, sondern nur darauf, ob die andere Person sich getroffen fühlt, zum Beispiel durch Sätze, bei denen wir uns bemühen, sie rein sachlich zu formulieren, die aber bei der anderen Person gewisse Emotionen auslösen. Die Schwierigkeit besteht nun darin, dass wir vorher nicht wissen, was bei unserem Gegenüber eine Irritation auf der Beziehungsebene auslöst.«

»Das stimmt«, sagte Daniela nachdenklich. »Manchmal fällt es mir schwer, mich durch die Ansichten einer anderen Person nicht be- und getroffen zu fühlen. Wenn mir zum Beispiel jemand erzählt, wie toll er es findet, regelmäßig alle Geschwindigkeitsbegrenzungen zu überschreiten, ertappe ich mich bei dem Gedanken, dass diese ja meist ihren Sinn haben. Ich finde, dass mein Gegenüber fahrlässig handelt und andere Menschen mit seinem Fahrstil gefährdet. Ich merke, dass ich das Verhalten dieser Person als wenig verantwortungsbewusst bewerte.«

»Genau«, sagte Frau Rosenblatt. »Und von da an können Sie sich nicht mehr sachlich über Sinn und Zweck von Geschwindigkeitsbegrenzungen unterhalten, weil Sie einen Ärger auf der Beziehungsebene verspüren. Das kann die andere Person ganz anders sehen. Sie wollte vielleicht nur eine Diskussion darüber führen, wie sinnvoll Geschwindigkeitsbegrenzungen in Deutschland im Allgemeinen sind.«

»Bei mir ist das so, dass ich dann die sachlich geführte Diskussion verlasse und dem oder der anderen vorwerfe, unverantwortlich zu handeln«, räumte Daniela ein.

»Und selbst, wenn Sie das als Ich-Botschaft mit dem Satz senden: ›Das finde ich unverantwortlich‹, kann es sein, dass die andere Person sich verteidigen will. Und schon haben Sie beide das ursprüngliche Thema verlassen und bewegen sich in Richtung eines Konflikts, weil Sie unvereinbare Standpunkte haben.

Wir sollten bei dem Spiel ›Ich habe recht, du hast unrecht‹ nicht weiter mitspielen. Wenn wir der anderen Person ihre Sichtweise lassen, geben wir keine Angriffsfläche ab und können uns nicht in einen Konflikt verstricken. Es ist möglich, zu einer einvernehmlichen Lösung zu kommen, indem wir uns darauf einigen, dass wir unterschiedliche Sicht- und Verhaltensweisen haben, ohne einander ändern zu wollen.«

»Das klingt fast zu schön, um wahr zu sein«, warf Daniela ein. »Ich glaube nicht, dass es immer möglich ist.«

»Stimmt«, sagte Frau Rosenblatt. »Ich habe es auch schon erlebt, dass Leute unbedingt recht haben wollen und sich dadurch geärgert fühlen, dass ich auf dieses ›Spiel‹ nicht einsteige. Sie werfen mir dann gern Feigheit oder Desinteresse vor. Ich reagiere darauf mit Ich-Botschaften wie: ›Ich möchte diese Diskussion nicht weiter fortsetzen.‹ In den meisten Fällen reicht das dann schon aus.«

»Könnten Sie mir das alles mal an dem Eisberg-Modell erläutern?«, bat Daniela und zeigte auf eine Abbildung auf ihrem Arbeitsblatt.

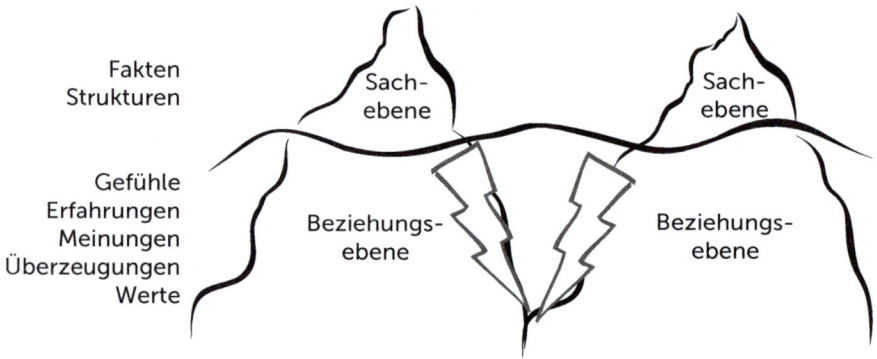

Abbildung 12: Konflikte anhand des Eisbergmodells

»Gern. Wie Sie sehen, ›rumpeln‹ bei einem Konflikt die beiden Beziehungsebenen unter Wasser aneinander, und wir können im Vorhinein nicht erkennen, an welcher Stelle unsere Gefühle, Werte und so weiter die des anderen tangieren oder sogar verletzen.«

»Aber was ist mit einer Situation im Berufsalltag, in der eine Entscheidung getroffen werden muss und wir unvereinbare Standpunkte haben?« Das war es, was Daniela wirklich interessierte. »Da kann ich doch nicht einfach verkünden, dass ich die Diskussion nicht fortsetzen möchte. Was ist, wenn ich trotz aller guten Argumente, die mein Gegenüber sachlich vorbringt, nicht davon überzeugt bin, dass dies der richtige Weg ist? Handele ich nach dem Motto ›Der Klügere gibt nach‹ oder ›Der wird schon wissen, was richtig ist‹? Oder denke ich: ›Die wird noch sehen, was sie davon hat.‹? Oder beschließe ich, mich an meine Vorgesetzte zu wenden und deren Meinung einzuholen?«

»Ein großer Anteil dieser Sätze liegt auf der Beziehungsebene«, erklärte Frau Rosenblatt. »Im schlimmsten Fall kann das dazu führen, dass sich daraus ein Konflikt entwickelt. Wenn es wirklich noch eine Meinungsverschiedenheit ist, dann könnten Sie die Diskussion zum Beispiel mit einer Ich-Botschaft weiterführen, indem Sie sagen: ›Mir fällt es schwer, Ihren Standpunkt nachvollzuziehen. Können wir die Pros und Contras unserer beiden Positionen bitte gemeinsam durchgehen?‹«

»Außer bei Frau Jung würde ich zur Antwort bekommen: ›Für so was haben wir keine Zeit! Wir müssen unsere Entscheidungen schnell treffen und unsere Zeit nicht mit solchen Diskussionen verschwenden‹«, wandte Daniela ein.

»Haben Sie solche Sätze schon von Gesprächspartnern in Ihrem Unternehmen gehört?« Daniela nickte. »Dann spüren Sie bitte einmal genau nach, was Sie in diesen Fällen empfunden haben. Haben Sie sich ernst genommen gefühlt? Wahrscheinlich nicht, und diese Sätze sind auch nicht auf der Sachebene geäußert, sondern auf der Beziehungsebene. Hier kann Ihnen die Bumerang-Methode wertvolle Unterstützung liefern: ›Gerade weil wir so wenig Zeit haben, ist es wichtig, dass wir die Dinge jetzt klarziehen, um spätere Konflikte zu vermeiden.‹ Kehren wir noch einmal zurück zu dem Beispiel mit dem Mitarbeiter, der sein Kind aus der Tagesstätte abholen will. Er könnte fragen: ›Bis wann benötigen Sie die Zahlen genau?‹ Je nach Antwort des Chefs ergeben sich neue Lösungsmöglichkeiten. Zum Beispiel könnte der Mitarbeiter vorschlagen, die Zahlen später noch vom eigenen Rechner von zu Hause zu liefern oder am nächsten Tag früher ins Büro zu kommen, damit der Chef das Gewünschte gleich, wenn er kommt, auf dem Tisch hat. Er könnte beispielsweise auch andere Arbeiten bis zum nächsten Tag liegen lassen und so weiter. Wenn ich das im Coaching anspreche, heißt es oft: ›Das klappt mit meinem Chef alles nicht, darauf würde der sich nie einlassen!‹ Ich frage dann: ›Haben Sie so etwas in der Richtung schon versucht?‹ Meist höre ich ein Nein, manchmal aber auch: ›Ja, und der Chef war nie einverstanden.‹ Im zweiten Fall mache ich mit meinen Coachees ein Rollenspiel, um herauszufinden, wie der Mitarbeiter seine Bitte formuliert. Vieles ist dann meist so zurückhaltend ausgedrückt, dass mir, wenn ich die Chefin wäre, die Dringlichkeit nicht bewusst würde. Daran arbeiten wir gemeinsam. Selbst wenn die Arbeit an einem konkreten Tag tatsächlich so wichtig ist, dass der Mitarbeiter länger arbeiten muss, sollte möglichst am nächsten Tag ein ruhiges Gespräch darüber geführt, das heißt, Metakommunikation praktiziert werden. – Wollen wir uns die Stufen, wie sich ein Konflikt entwickeln kann, einmal genauer ansehen?«, fragte Frau Rosenblatt.

Daniela nickte. Das klang wieder einmal sehr praxisbezogen.

Wie ein Konflikt entsteht - Die Konfliktstufen nach Glasl

»In seinem Buch ›Konfliktmanagement‹, das Sie auch auf der Literaturliste finden, unterscheidet Friedrich Glasl[39] verschiedene Stufen der Konflikteskalation.

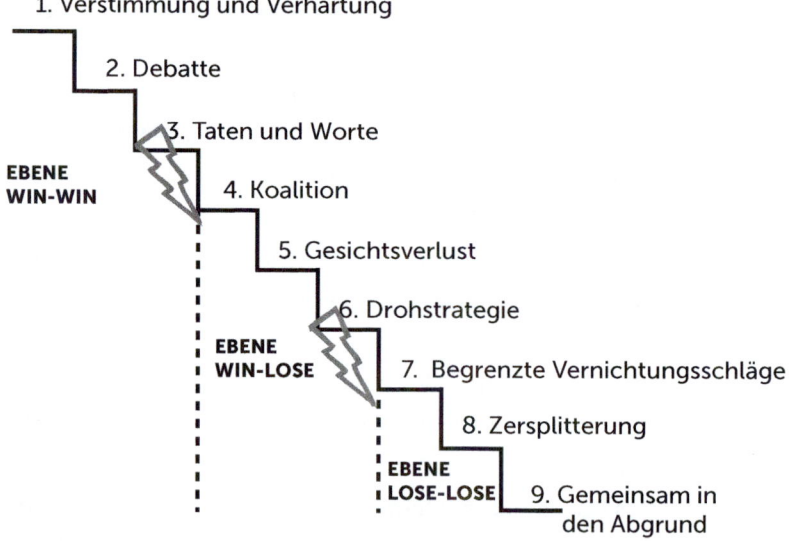

1. Verstimmung und Verhärtung
2. Debatte
3. Taten und Worte

EBENE WIN-WIN

4. Koalition
5. Gesichtsverlust
6. Drohstrategie

EBENE WIN-LOSE

7. Begrenzte Vernichtungsschläge
8. Zersplitterung

EBENE LOSE-LOSE

9. Gemeinsam in den Abgrund

Abbildung 13: Die Konfliktstufen nach F. Glasl

Wie wir schon am Beispiel der Meinungsverschiedenheit gesehen haben, kann sich schnell eine Verstimmung einstellen. Professor Glasl hat in seinen Forschungen festgestellt, dass Konflikte unterschiedliche (Entwicklungs-)Stufen haben. Was mit einer Verstimmung und Verhärtung angefangen hat, kann – soweit dieser Konflikt vorher nicht gelöst wird – im schlimmsten Fall zum Untergang der Konfliktparteien führen. Gibt es am Anfang noch die Möglichkeit, zum Beispiel durch eine konstruktive Konfliktlösung eine Win-win-Situation für beide Parteien zu erreichen, so wird es im weiteren Konfliktverlauf immer wichtiger, zu ›siegen‹, womit automatisch die Niederlage der anderen Partei angestrebt wird. Im letzten Drittel der Konflikteskalation verliert auch das an Bedeutung, die Vernichtung des anderen steht im Vordergrund, auch wenn man dabei in Kauf nimmt, selbst vernichtet zu werden.

Auf der ersten Stufe kommt es zu **Verstimmung und Verhärtung** der Standpunkte der Konfliktbeteiligten, es fällt beiden schwer, die Sichtweise des anderen nachzuvollziehen. Auf der zweiten Stufe, der **Debatte**, meint jede Partei, im Recht zu sein. Die Kommunikation nimmt an Schärfe zu, bevor auf der dritten Stufe – **Taten statt Worte** – das nonverbale Verhalten eine wichtigere Rolle spielt und die Strategie der vollendeten Tatsachen verfolgt wird. Bis zu dieser dritten Stufe ist es noch möglich, durch eine Konfliktlösung eine Win-win-Situation herzustellen. Ab der vierten Stufe – **Koalitionen** – nimmt der Wunsch zu, dass der andere verlieren soll, es entsteht also eine Win-lose-Situation. Um selbst als Gewinner dazustehen, werden Verbündete gesucht, die die eigene Sichtweise stützen und untermauern, was auf der fünften Stufe darin mündet, den anderen bloßzustellen und auf einen **Gesichtsverlust** des Gegners abzuzielen. Was nun folgt, sind auf der sechsten Stufe **Drohstrategien**, dem anderen wird Gewalt angedroht. Auf den Stufen vier bis sechs ist jede Seite für sich zuversichtlich, die Auseinandersetzung zu gewinnen.

Das rückt ab der siebten Stufe in den Hintergrund. **Begrenzte Vernichtungsschläge** werden ausgeführt und dabei auch eigene kleinere Schäden in Kauf genommen, solange der Gegner geschwächt wird – Lose-lose-Situation. Auf Stufe acht, der **Zersplitterung**, steht die Vernichtung des Gegners im Vordergrund, noch hofft man, selbst zu überleben, was auf der neunten Stufe – **gemeinsam in den Abgrund** – keine Rolle mehr spielt. Hier wird die eigene Zerstörung in Kauf genommen, wenn nur der Gegner vernichtet wird.

»Das hört sich ja furchtbar an!«, sagte Daniela und schüttelte den Kopf.

»Ja«, sagte Frau Rosenblatt. »Aber nun kommen wir zu den Lösungsstrategien.

Wie wir Konflikte lösen können

Die Forschung unterscheidet verschiedene Möglichkeiten der Konfliktlösung. In der Grafik ist dargestellt, wie sich diese an den eigenen Interessen oder an denen des anderen orientieren.«[40] Daniela schaute auf das Arbeitsblatt und sah sich die Worte und Pfeile an. Viel verstand sie noch nicht.

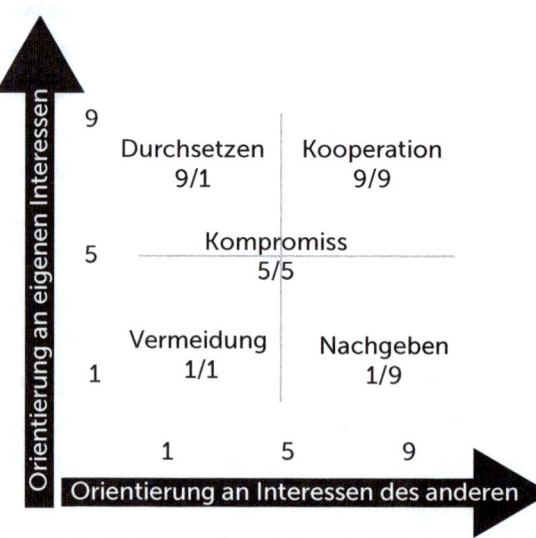

Abbildung 14: Konfliktlösungsstile nach Kenneth W. Thomas

Vermeidung. »Bei der Vermeidung versucht man, möglichst jedem Konflikt aus dem Weg zu gehen«, erklärte Frau Rosenblatt. »Das heißt, sich entweder zurückzuziehen oder Situationen zu meiden, in denen sich Konflikte ergeben könnten. Durch die Vermeidung nehmen wir uns die Möglichkeit, durch konstruktiv gelöste Konflikte zu wachsen und dazuzulernen. Situationen und Personen, die konfliktträchtig sein könnten, zu meiden, macht einsam. Dies bedeutet nicht, nach Auseinandersetzungen zu suchen, sondern sich ihnen zu stellen, wenn sie auftauchen.

Nachgeben. In dem Sprichwort ›Der Klügere gibt nach‹ ist die nächste Möglichkeit angedeutet, das Nachgeben. Ständiges Nachgeben macht unzufrieden, weil sich allmählich ein Gefühl der Unterlegenheit und Machtlosigkeit einstellt, das im schlimmsten Fall zur Opferrolle aus dem Drama-Dreieck führen kann. Und etwas verliert die betreffende Person aus den Augen: Durch ihr Nachgeben hat sie selbst dazu beigetragen, dass sie in diese Rolle gelangt ist. Da stauen sich oft unterschwellig Wut, Zorn und Enttäuschung an, die sich später entladen, wenn ein Mensch nicht auf seine Bedürfnisse und Interessen geachtet hat, sondern immer nur auf die der anderen. Dieses Ungleichgewicht kann in einer Beziehung dazu führen, dass die eine Seite, die immer ›gewinnt‹, die andere, die immer nachgibt, nicht mehr ernst nimmt.
Aus meiner Sicht ist es hilfreich, dass wir uns ernst nehmen, in uns hineinhorchen und fragen: ›Was möchte ich jetzt?‹ oder: ›Was tut mir jetzt gut?‹ Je nachdem, wie wir aufgewachsen sind, fällt es uns leichter oder schwerer, das zu erspüren.«
»Das Hineinspüren in mich selbst fällt mir oft schwer«, räumte Daniela ein. »Für mich spielen auch immer die Interessen der anderen eine Rolle. Anstatt nur in mich hineinzuhören und diese beiden Fragen zu beantworten, läuft parallel dazu innerlich die Auseinandersetzung in mir, wie ich zur Verwirklichung der Ziele und Wünsche der anderen beitragen kann.«

»Mir hilft es, mich, wenn immer möglich, kurz an einen stillen Ort zurückzuziehen«, entgegnete Frau Rosenblatt. »Und das meine ich wörtlich: Zwei bis drei Minuten reichen oft schon aus. Dieses Hinausgehen aus einer Situation empfinde ich als sehr hilfreich. Wenn ich kurz in mich hineingehorcht habe, kann ich später besser einen konkreten Vorschlag dazu äußern, wie wir eine gemeinsame Lösung finden können. Dies gilt aber sicherlich mehr für kleinere Unstimmigkeiten. Dennoch weiß ich aus Erfahrung, dass wir so sowohl größere Konflikte vermeiden als auch üben können, unsere Sichtweise zu formulieren.

Durchsetzen. Das Gegenteil von Nachgeben ist das Durchsetzen. Wir kennen das in mehreren körperlichen Varianten – eine davon ist das Armdrücken: Wer den Arm des anderen herunterdrückt, hat gewonnen, sich durchgesetzt. Und überall um uns herum gibt es Personen, Organisationen, Staaten, die sich und ihre Interessen durch ein Kräftemessen gnadenlos durchsetzen wollen. Das Problem ist nur, dass alles, was wir im Außen tun, eine Entsprechung in unserem Inneren hat. Wenn wir uns immer durchsetzen wollen, so kann es sein, dass wir auch innerlich hart gegen uns selbst sind. Das darf man – und das ist mir wichtig – nicht mit einem diszipliniert arbeitenden Menschen verwechseln. Wenn wir Selbstdisziplin üben, bedeutet das noch lange nicht, dass wir hart gegen uns selbst sind. Wenn wir diszipliniert sind, wissen wir mit unseren Schwachstellen liebevoll umzugehen, um unsere Ziele diszipliniert anzustreben – aber nicht auf Kosten anderer!« Daniela sah Frau Rosenblatt erstaunt an. Selten hatte sie so leidenschaftlich geklungen.

Kompromiss. »Kommen wir nun zu den beiden letzten beiden Möglichkeiten«, fuhr Frau Rosenblatt fort, »dem Kompromiss und der kooperativen Konfliktlösung. Was ist der Unterschied zwischen diesen beiden? Dies verdeutlicht die Geschichte mit der Orange, die manchmal auch Harvard-Orange[41] genannt wird.«

Daniela grinste in sich hinein und fragte sich, was dieses Obst wohl mit Kommunikation zu tun haben könnte.

»Kurz hintereinander kommen die zwei Töchter zu ihrer Mutter in die Küche. Die erste hat die letzte Orange, die in der Obstschale liegt, schon in der Hand. Die zweite ruft: ›Ich will die Orange haben!‹ Die Mutter überlegt, was sie tun kann. Soll sie die Orange zerschneiden, was einem klassischen Kompromiss entsprechen würde? Oder eine Münze werfen oder die beiden Töchter um die Orange streiten und notfalls auch kämpfen lassen? Hierbei gäbe es einen Verlierer und einen Gewinner, was später neuen Streit nach sich ziehen könnte. Die Mutter schaut ihre beiden Töchter kurz an und fragt dann jede, wofür sie die Orange braucht. ›Ich will einen Kuchen backen und brauche die Schale‹, antwortet die Erste. ›Und ich möchte den Saft der Orange trinken!‹, ruft die Zweite. Die Mutter ist froh, dass sie sich die Zeit genommen hat, die Bedürfnisse der beiden erfragt zu haben, denn nun ist eine Lösung ganz einfach: Eine erhält die Schale für ihren Kuchen, die andere den Saft zum Trinken.

Bei einem schnellen Kompromiss mit zwei halben Orangen hätten zwei unzufriedene Kinder die Küche verlassen. Diese Geschichte verdeutlicht wunderbar, dass es nach einem Kompromiss sein kann, dass es sogenannte ›Reste‹ gibt und beide Personen unzufrieden sind. Wir alle kennen ›faule‹ Kompromisse, denen wir nur um des lieben Friedens willen zugestimmt haben, obwohl uns eine andere Lösung lieber gewesen wäre. – An dieser Stelle finde ich es auch wichtig, wie sich jemand verhält. Dazu würde ich Ihnen gern ein Beispiel aus meiner Arbeit erzählen, Frau Wagner. Ist das okay für Sie?«

Daniela, die noch mit den beiden Mädchen und der Orange beschäftigt war, nickte.

Kooperation. »In einem Team, für das ich eine Zeit lang als Supervisorin gearbeitet habe, gab es eine Person, die rasch in Tränen ausbrach, sobald ihr jemand eine Rückmeldung zu ihrem Verhalten gab. Dieses Weinen ist eine direkte Abwehrreaktion und hatte in dem von mir supervidierten Team zur Folge, dass sich die anderen Teammitglieder kaum mehr trauten, dieser Person etwas zu sagen. Dazu kam es häufiger vor, dass sie sich an den Supervisionsterminen krankgemeldet hatte. In diesem Team wurde die Zeit der Supervision zum größten Teil dazu genutzt, die Zusammenarbeit zu reflektieren und wie immer geartete Schwierigkeiten in diesem Bereich zu besprechen. Dadurch, dass sich die Person entzog – durch Abwesenheit oder Weinen –, war es für die anderen sehr schwierig, ihr die Punkte zur Verfügung zu stellen, an denen sich immer wieder Konflikte entzündeten. Wenn sie weinte, brachte sie auch jedes Mal zum Ausdruck, wie schwer sie es ohnehin schon hatte.

Für mich war das eine Interaktion auf der Beziehungsebene, und es bedeutete eine ziemliche Herausforderung, die Probleme dennoch auf der Sachebene zu klären. Auch kam es vor, dass die Person weinend den Raum verließ. Dann blieben die anderen Teammitglieder irritiert zurück und beschuldigten sich selbst, zu wenig Fingerspitzengefühl gezeigt zu haben. Die Schwierigkeit lag zum großen Teil darin, dass es kaum möglich war, die Punkte, die störten, auf der Erwachsenen-Ich-Ebene zu besprechen. Da diese Person auf der Kind-Ich-Ebene weinte, gerieten die anderen Teammitglieder nach einiger Zeit in die Eltern-Ich-Position und reagierten meist aus dem fürsorglichen Eltern-Ich heraus. Es ist allerdings auch denkbar, dass es die Teammitglieder richtig wütend machte, sodass sie am liebsten aus dem kritischen Eltern-Ich heraus agiert hätten. Diese Wut konnten die Teammitglieder allerdings nicht zeigen, sodass sich der Konflikt unterschwellig weiterentwickelte und sich bei dem Team in Form von Enttäuschung und Klagen über die Unzuverlässigkeit der Person Luft machte.

An dieser Stelle war eine kooperative Konfliktlösung nur sehr eingeschränkt möglich. So bearbeiteten wir die Konflikte, die sich zeigten, wenn die Person anwesend war, und manches konnte kooperativ beigelegt werden. Bei anderen Streitpunkten setzte das weinende Teammitglied seine Position durch, und die anderen gaben nach – um des lieben Friedens willen. Im weiteren Verlauf der Supervision zeigte sich, dass die anderen diese Person immer weniger als verlässliches Teammitglied einschätzten. Dies führte zu weiteren Konflikten, die aber nicht gelöst werden konnten, weil sie sich entzog ... und so drehte sich die Spirale weiter.

In solchen Fällen gibt es aus meiner Sicht zwei Möglichkeiten: Zum einen kann man versuchen, dem Teammitglied im Einzelgespräch die Einsicht zu vermitteln, wie wichtig es ist, die bestehenden Konflikte kooperativ zu lösen, zum anderen könnte das Einschalten des Vorgesetzten eine Möglichkeit darstellen, wenn dieser klarmacht, wie wichtig ihm die gemeinsame Teamleistung ist. Dies ist eine sehr heikle Situation, da ein solches Teammitglied unbewusst nach der Bestätigung dafür sucht, dass es, so wie es ist, nicht gut (genug) ist. Diese Bestätigung erfährt es durch das Verhalten der anderen. Deshalb ist auch eine Versetzung in einem solchen Fall nicht unbedingt eine gute Lösung, da sich für das Teammitglied so bestätigt, dass es – in seinem eigenen Verständnis – ›weitergereicht‹ wird. In manchen Fällen kann ein Teamwechsel allerdings auch gute Resultate erbringen. Das hängt immer von den einzelnen Personen und Situationen ab – eine allgemeine Handlungsempfehlung kann man hier nicht geben.

Bei der kooperativen Konfliktlösung[42] geht es darum, gemeinsam möglichst eine Win-win-Lösung zu finden. In der Grafik auf dem Arbeitsblatt bedeutet die geschwungene Linie die Wasseroberfläche nach dem Eisbergmodell.

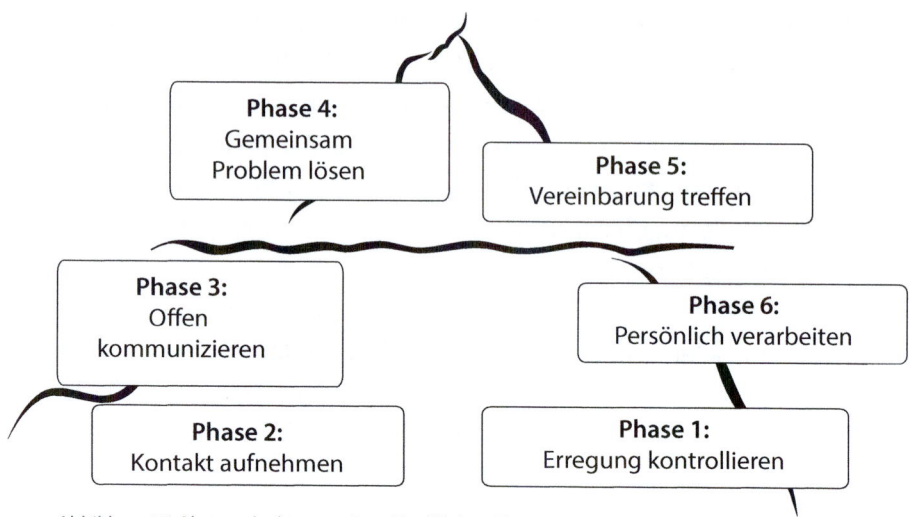

Abbildung 15: Phasen der kooperativen Konfliktbewältigung

In den ersten drei Phasen befinden wir uns, wie das erweitere Eisberg-Modell zeigt, ›unter Wasser‹, also auf der Beziehungsebene. Für mich ist es oft schwierig, die Phase 1, meine **Erregung** zu **kontrollieren**, zu bewerkstelligen, meine Wut und Enttäuschung zu akzeptieren und runterzukochen. Mir hilft da ein Spaziergang, möglichst durch Wald und Wiesen oder an einem Fluss. Das relativiert meine Sicht auf die Dinge. Und wie in dem Bild, dass man erst mal eine Weile in den Mokassins des anderen gegangen sein sollte, überlege ich dann, wie die andere Person die Situation wohl empfindet, was in ihr vorgeht und was diese Handlungen ausgelöst haben mag. Was wem in solchen Situationen guttut, ist von Mensch zu Mensch verschieden, dem einen hilft eine Tasse Kaffee, dem Nächsten eine Zigarette, dem dritten darüber zu sprechen. Was hilft Ihnen, Frau Wagner?«

»Mit einer Freundin zu reden«, sagte Daniela.

»Wenn wir mit anderen darüber sprechen, sollten wir darauf achten, dass wir uns nicht bewusst oder unbewusst hochschaukeln, also durch das Gespräch eine Bestätigung dafür erhalten, wie ›unmöglich‹

sich die andere Person verhalten hat. Deshalb sind Freunde und Familienangehörige, aber auch Kolleginnen und Kollegen nur bedingt eine geeignete Unterstützung. Manchmal verschärfen wir den Konflikt, weil wir auf der Suche nach Bestätigung, dass wir im Recht sind, zu einer weiteren Eskalationsstufe übergegangen sind, indem wir uns Verbündete gesucht haben. – Das ist die Konfliktstufe ›Koalitionen‹. Es ist viel besser, mit einer neutralen Person darüber zu sprechen, die uns zum Beispiel durch Fragen dorthin führt, wo wir die Position des anderen besser sehen oder erkennen können. Früher fand ich das schmerzhaft, ich wollte lieber in meinem Schicksal bedauert werden. Unbewusst suchte ich mir Personen, die mit mir zusammen auf meinen Konfliktgegner schimpften und wir so gemeinsam feststellten, wie unmöglich sich die andere Person doch verhalten hatte. Das ist mit einer der Gründe, warum ich mich selbst immer wieder in Gruppen reflektiere, durch gemeinsame kollegiale Fach- und Fallberatung oder auch in einer Einzelsupervision. Wenn ich selbst als Coachee zu einem Coaching gehe, kann ich die entlastende Wirkung von Coaching wieder am eigenen Leibe spüren, was mir dann auch wieder zu Erkenntnissen für meine Tätigkeit als Coach verhilft.

In Phase 2 geht es darum, dass wir mit dem ›Gegner‹ **Kontakt aufnehmen**. Dazu eignen sich Sätze wie: ›Mir liegt da noch etwas auf dem Herzen, das ich gerne besprechen möchte‹, oder, weniger emotional: ›Mich beschäftigt da noch etwas, über das ich mich gerne mit Ihnen austauschen möchte.‹ Daran kann sich die Frage anschließen: ›Wann haben Sie Zeit?‹ – Damit ist der erste Schritt getan.«
»Ist das wirklich so einfach, wie es klingt? Ich glaube, ich müsste all meinen Mut zusammennehmen, um den ersten Schritt zur Kontaktaufnahme zu tun«, sagte Daniela skeptisch.
»Es ist nicht ganz leicht, aber es lohnt sich. Ich kann mich nicht an Situationen erinnern, in denen die andere Person mein Anliegen abgelehnt hat. Und diese Erfahrung hat mich darin bestärkt, immer

wieder den ersten Schritt zu tun. Meist stellt sich dann heraus, dass die andere Person sich auch mit dem Thema beschäftigt, vielleicht sogar darunter leidet. Da sie sich aber nicht getraut hat, das Ganze von sich aus anzusprechen, ist sie froh, die Sache klären zu können. Häufig war unsere Beziehung nach einem gelösten Konflikt besser als vorher und von mehr Verständnis für die andere Person geprägt.«

»Ich bin total gespannt, wie es weitergeht«, sagte Daniela und beugte sich vor. »Wir sind immer noch unter Wasser, richtig?«

»So ist es«, entgegnete Frau Rosenblatt. »In Phase 3, der **offenen Kommunikation**, geht es darum, die eigene Position möglichst sachlich zu formulieren, deshalb findet sich dieser Schritt auch schon sehr in der Nähe der Wasseroberfläche. Wir sollten unsere Position möglichst sachlich vorbringen und auch unsere Bedürfnisse und Gefühle formulieren, also über die Bereiche sprechen, die unter der Wasseroberfläche liegen. Auch hier ist es hilfreich, sich vorab Gedanken darüber zu machen und/oder dies in einem Coaching zu klären, welche Bedürfnisse wir haben. Ebenso sollten wir der anderen Person mitteilen, was uns geärgert hat. Das können Worte, Taten oder auch Gesten gewesen sein. Ich mag es zum Beispiel gar nicht, wenn jemand beschwichtigend mit der Hand abwinkt, nach dem Motto: ›Nun reg dich mal nicht so auf!‹ Ich empfinde diese Geste, die für mich aus dem kritischen Eltern-Ich kommt, als gesprächshindernd, weil damit meine Gefühle abgetan werden. Für mich will mir die andere Person damit sagen, dass sie okay ist – weil sie sich nicht so aufregt –, ich aber nicht okay bin, weil ich mich ärgere.

Zur Unterstützung kann in dieser Phase eine dritte Person herangezogen werden, zum Beispiel ein Mediator, der darauf achtet, dass durch diese Schilderungen bei den Beteiligten nicht wieder die Wunden aufgerissen werden, die durch den Konflikt entstanden sind. Am besten ist es, wenn beide Seiten ihren Ärger so weit verarbeitet haben, dass sie einander zuhören können, ohne gleich wieder an die Decke zu gehen. Das positive Ergebnis dieses Schritts kann sich äußern in Sätzen wie: ›Ach, so kann man das auch sehen‹, oder: ›Deine Sichtweise finde ich interessant, danke, dass du sie mit mir teilst.‹

Es folgt nun Phase 4, in der es gilt, gemeinsam auf der Sachebene eine **Problemlösung** zu finden. Das fällt den meisten von uns dann schon deutlich leichter. Wenn wir hören, was sich unser Gegenüber wünscht, und wenn auch wir unsere Wünsche klar formuliert haben, können wir uns im Stillen fragen, wie weit wir dem oder der anderen entgegenkommen können und wollen. Oder wir stellen eine offene Frage, zum Beispiel: ›Wie könnte eine gemeinsame Lösung aussehen?‹

In Phase 5, in der eine **Vereinbarung getroffen** wird, ist dann noch etwas Verhandlung gefragt. Dabei sollten wir uns immer wieder unserem Inneren zuwenden und uns fragen, was unser Bauchgefühl zu dieser Lösung sagt. Wenn wir noch Bedenken haben, sollten wir diese äußern und weiter nach einer Lösung suchen, bei der beide ›Bäuche‹ signalisieren, dass sich das gut anfühlt.

Was den letzten Punkt, Phase 6 angeht, die **persönliche Verarbeitung,** so haben viele Menschen damit ihre Schwierigkeiten. Sie sind froh, den Konflikt konstruktiv gelöst zu haben, aber gelegentlich bleiben die schon genannten emotionalen Reste, bei denen wir aufpassen müssen, dass wir sie nicht als Rabattmarken in unser Rabattmarkenheft kleben. Wenn das bei uns der Fall ist, wurde der Konflikt nicht wirklich kooperativ gelöst. Zumindest wir sind einen unbefriedigenden Kompromiss eingegangen und spüren, dass wir in Phase 5 bei der Vereinbarung zu sehr von dem abgewichen sind, was gut für uns ist und womit wir ›leben‹ können. Vermutlich haben wir dann nicht auf unser Bauchgefühl gehört, sondern auf innere Sätze wie: ›Stell dich nicht so an ...‹, ›Sei nicht so stur ...‹, ›So wichtig ist dieses Detail doch auch nicht‹ oder: ›Wichtig ist die Einigung …‹

Zum Abschluss dieser Sequenz möchte ich Ihnen noch ein friedenstiftendes Ritual vorstellen, und zwar das der Vergebung. Dabei vergeben wir sowohl uns selbst als auch den anderen für die Verhaltensweisen, die wir gezeigt haben.«

Daniela stutzte. »Warum sollte ich mir vergeben?«

»Ich merke, dass das für mich ein wichtiger Schritt ist«, erklärte Frau Rosenblatt. »Wenn ich mich aufrege, sage ich manchmal auch Dinge, die ich später bereue. Ich weiß, dass ich mich in solchen Momenten nicht im Einklang mit mir und meiner Überzeugung befunden habe. Man kann es auch nennen, dass ich nicht bei mir war, nicht in meiner inneren Mitte, nicht in Übereinstimmung mit meinem göttlichen Kern. Und anstatt mir Vorwürfe zu machen und mich selbst zu beschuldigen, verzeihe ich mir, dass ich mich in dieser Situation so verhalten habe, wie ich es getan habe, ohne mich und mein Verhalten zu bewerten, indem ich zum Beispiel sage, dass ich mich rücksichtslos verhalten habe. – Probieren Sie es aus, Frau Wagner. Es gibt schöne Rituale zum Verzeihen, zum Beispiel *Ho'oponopono*[43] – die heilende Vergebung. Dieses Ritual bezieht immer alle Beteiligten mit ein, mich und die anderen.

Das war ja mal wieder recht viel Input von meiner Seite. Was ist Ihnen durch den Kopf gegangen, während ich gesprochen habe? Welche Erfahrungen haben Sie in solchen Situationen gemacht? Und welcher Typ sind Sie? Geben Sie in dieser Stufe dann doch noch wieder nach? Hören Sie auf Ihr Gefühl, oder schieben Sie es beiseite?«

»Mir ist ganz viel durch den Kopf gegangen. Zum einen bin ich froh und dankbar, dass Sie mir so viel an theoretischem Hintergrund erklärt haben. Das hilft mir schon, die Dynamik zu verstehen, die sich durch Konflikte oft ergibt. Auch das, was Sie über Schuldsein und Rechthaben gesagt haben, fand ich sehr interessant. Mein Vater sagte immer: ›Paragraf 1: Der Vater hat immer recht. Paragraf 2: Sollte er einmal nicht recht haben, tritt automatisch Paragraf 1 in Kraft.‹ Wahrscheinlich ist es mir deshalb so wichtig, immer recht zu haben oder zu beweisen, dass die andere Person unrecht hat. In meiner ersten Zeit in der Firma bin ich deswegen oft mit Else aneinandergeraten. Wenn ich das vor dem Hintergrund betrachte, den Sie mir gerade erläutert haben, denke ich, dass ich wohl auch sehr rechthaberisch gewirkt habe. Else war nie so sprach- und wortgewandt in den Fremdsprachen wie ich. Sie hatte nie die Möglichkeit – anders als ich – einige Zeit im Ausland zu leben und dort die Sprachen zu lernen. Ich habe mich damals oft über sie lustig gemacht, sowohl über ihre Wortwahl als auch über ihren deutschen Akzent.

Als ich dann befördert wurde und nicht sie, habe ich mich als Siegerin gefühlt. Es hat mich darin bestärkt, zu glauben, dass ich immer recht hatte. Else ist auf der Position geblieben, die sie damals schon innehatte, als ich bei der IMEXIT anfing. Und wenn ich mir heute überlege, was wohl in ihr vor sich gegangen ist, dann kann ich mir vorstellen, dass ich sie sehr verletzt habe. Das tut mir sehr leid. Aber was kann ich jetzt noch tun? Das ist schon so viele Jahr her ...«

»Aus meiner Sicht ist es nie zu spät für eine Entschuldigung. Könnten Sie sich vorstellen, sich einmal ganz in Ruhe mit Else zusammenzusetzen?«

»Ob sie da wohl zustimmen würde?«

»Meine Frage richtete sich an Sie, Frau Wagner. Ich möchte gerne wissen, ob *Sie* es sich vorstellen können?«

»Hm, ich weiß nicht, was soll ich sagen, wie fange ich an ... Und wenn Else mir einen Korb gibt, stehe ich ziemlich dumm da! Und das will ich nicht!«

»Gut, das kann ich nachvollziehen. Die Frage bleibt, möchten Sie die Situation mit Else klären?«

»Na ja, *so* lange ist sie ja nicht mehr im Unternehmen ... muss das dann noch sein?«

»Nein, muss es nicht. Aber ich frage Sie: Wann fühlen Sie sich besser – mit diesem ungeklärten Konflikt oder wenn Sie zumindest den Versuch gemacht haben, auf Else zuzugehen?«

»Das ist eine Suggestivfrage, Frau Rosenblatt – und die aus Ihrem Munde?!«

»Das haben Sie gut beobachtet. Aber ich habe den Eindruck, dass wir auf einen Nebenschauplatz gelangen. Bitte bleiben Sie noch einmal bei diesem Konflikt.«

»Sie haben natürlich recht!«

»Ums Recht haben ging es mir nicht. Ich möchte Sie gerne dabei unterstützen, zufriedener zu werden. Konflikte können ja auch positive Funktionen haben.«

»Meinen Sie das ernst?«

»Ja. Gut, dann erzähle ich Ihnen noch kurz etwas zu den positiven Funktionen von Konflikten und danach wenden wir uns noch einmal der Situation mit Else zu. Ich habe Sie zu Beginn unserer Sitzung so verstanden, dass Sie schon nach Möglichkeiten suchen, diese Situation zu verbessern – und dabei möchte ich Sie gerne unterstützen.«

Daniela schaute etwas missmutig drein. So aufwendig hatte sie sich das dann doch nicht vorgestellt. Tief in ihrem Inneren wusste sie, dass es besser war, diesen Konflikt zu lösen und so auch für weitere Situationen zu üben. Andererseits hatte sie auch eine Stimme im Kopf, die ihr jede Menge Gründe lieferte, warum sie den Konflikt nicht – oder nicht jetzt – anzugehen brauchte. Ob sie damit einen inneren Konflikt hatte? Sie konnte ja Frau Rosenblatt danach fragen, wenn diese mit ihren nächsten Erläuterungen fertig war.

Positive Funktionen von Konflikten

»Konflikte sind notwendige Durchgangsstadien für Veränderungen««, begann Frau Rosenblatt. »In diesem Satz steckt viel Wahrheit. Aber kann man Konflikte überhaupt positiv sehen? Sie sind schließlich mit Ärger verbunden, manchem schlägt ein Konflikt auf den Magen, anderen raubt er den Schlaf. Konflikte sind eine Möglichkeit zu wachsen, für jeden Einzelnen, aber auch für Beziehungen. Aus Erfahrung wissen wir, dass sich das immer leichter sagt, wenn es uns gut geht und wir mit uns im Reinen sind. Wenn wir in einer Situation sind, die uns ärgert, wenn uns jemand auf die Nerven geht, dann beschäftigen wir uns innerlich auch mehr mit unserem Groll und damit, was die andere Person ›falsch‹ gemacht hat – schließlich haben wir doch alles ›richtig‹ gemacht, zumindest aus unserer subjektiven Sicht.

Wer urteilt überhaupt darüber, was ›richtig‹ und was ›falsch‹ ist? Ja, kann man jetzt sagen, es gibt ja Gesetze, an die ich mich halten muss. Wenn ich bei Rot über eine Ampel gehe oder mit dem Auto fahre, dann habe ich im Sinne der Straßenverkehrsordnung etwas gemacht, das eine Strafe nach sich ziehen kann. Diese Regelung dient dem Schutz der anderen Verkehrsteilnehmenden, die sich auf mich verlassen können wollen, dass ich bei Rot anhalte. Und schließlich gibt es ja da auch die Ausnahmen, wenn zum Beispiel ein Rettungswagen bei einem Einsatz über eine rote Ampel fährt.«

Daniela stieß die Luft aus. »Und was hat das jetzt mit Konflikten zu tun?«

»Auch in dem Beispiel handelt es sich um zwei unvereinbare Positionen, wenn zwei Autos gleichzeitig über die Kreuzung fahren und nicht zusammenstoßen wollen. Hier gibt es Regelungen, um Konflikte – also Unfälle – zu vermeiden. Doch wie sieht es mit unserer Kommunikation aus? Wann kommunizieren wir unfallfrei? Nur dann, wenn es uns dabei gut geht? Wenn wir alles durchsetzen, was wir möchten? Das mag eventuell einen kurzfristigen Erfolg bringen, auf lange Sicht ist es keine gute Lösung. Wenn eine Person gewonnen und die andere verloren hat, sinnt der Verlierer meist auf Ausgleich, im schlimmsten Fall auf Rache. Womit wir schnell in einer kämpferischen Situation sind. Und beim friedvollen Umgang geht es ja gerade darum, dass wir friedvoll miteinander umgehen und arbeiten.

Wenn es uns möglich ist, in Konflikten die Chancen für Veränderung und Wachstum zu erkennen, dann gehen wir trotz allem Ärger und aller Verletzung mit einer positiven Sicht und Grundeinstellung an diese Konflikte heran. Und ich denke, wir alle kennen die Erleichterung, die sich einstellt, wenn wir uns in einer solchen Situation ein Herz gefasst, die Situation angesprochen und geklärt haben. Natürlich geht das mit der Klärung etwas langsamer, als ich es eben dargestellt habe. Aber je früher wir Situationen ansprechen, die uns ärgern, desto leichter und schneller können wir den Konflikt auch lösen. Hier habe ich ein Blatt für Sie, auf dem einige positive Funktionen von Konflikten aufgelistet sind.«

Ein Konflikt, las Daniela,

- weist auf Probleme hin,
- ist Wurzel für Veränderung,
- festigt Gruppen oder Teams,
- trägt zur Erkenntnis der eigenen Persönlichkeit bei,
- verhindert Stagnation,
- verlangt nach Lösungen.

»Wo gehobelt wird, fallen Späne«, fuhr Frau Rosenblatt fort. »Das gilt auch für unsere Kommunikation. Wenn wir kommunizieren, kann es immer wieder passieren, dass wir andere Personen durch unsere Worte verletzen. Und wenn wir uns verletzt fühlen, dann liegt es in unserer Verantwortung, dies anzusprechen und zu klären – die andere Person mag das ganz anders empfinden. Durch solche Klärungen erhalten wir wichtige Einsichten über uns selbst und können so innerlich wachsen. Wenn wir uns alle immer wieder diese Verantwortung bewusst machen, wird sich auch unsere gemeinsame Arbeit, zum Beispiel im Team, zufriedenstellender und für alle Beteiligten erfolgreicher gestalten. Dazu hat Marshall B. Rosenberg[44] in seinem Buch ›Gewaltfreie Kommunikation‹ sehr positive und interessante Gedanken entwickelt. Frau Wagner, ich würde heute gerne noch praktisch mit Ihnen arbeiten. Wie stehen Sie inzwischen zu einer möglichen Konfliktlösung mit Else?«

»Ich denke, ich sollte das klären. Können Sie mir dabei helfen?«, murmelte Daniela ein wenig kleinlaut.

»Ja, gerne. Was halten Sie von einem Rollenspiel, in dem Sie die Position von Else einnehmen und ich Ihre? Dadurch bekommen Sie auch schon ein Gefühl dafür, wie es Else wohl geht.«

»Das ist eine gute Idee. Lassen Sie uns direkt loslegen!«

Und so übten die beiden Frauen die kooperative Konfliktlösung.

Am Ende der Sitzung fuhr Daniela erleichtert nach Hause, weil sie nun eine Vorstellung davon hatte, wie sie diese Lösung angehen sollte. Auf der anderen Seite war ihr aber auch etwas mulmig zumute – die Konfliktlösung erhob sich vor ihr wie eine Wand. Sie versuchte, sich selbst damit aufzubauen, dass sie sich besser fühlen würde, wenn sie den Konflikt erst einmal beigelegt hätte. WENN … und damit kamen wieder alle Zweifel hoch. Aber hatte Frau Rosenblatt nicht in irgendeiner Sitzung gesagt, dass es wichtig wäre, zuversichtlich in Situationen hineinzugehen? Daniela erinnerte sich an die sich selbst erfüllenden Prophezeiungen. Ob das auch hier klappen würde, indem sie sich schon jetzt vorstellte, dass sie die Situation bereinigt hätte? Sie seufzte, schob erst einmal alle Gedanken beiseite und konzentrierte sich auf den Straßenverkehr. Sie wusste, dass es ihr immer guttat, die Dinge zu überschlafen und sacken zu lassen. Gleichzeitig war sie sich im Klaren darüber, dass sie jetzt nicht noch lange warten, sondern zeitnah auf Else zugehen sollte, um den Schwung und die Zuversicht aus der Sitzung mit Frau Rosenblatt mitzunehmen.

10. ZUM GUTEN SCHLUSS

Daniela war in bester Stimmung. Die Konfliktlösung mit Else hatte noch besser geklappt, als sie gehofft hatte. Am Ende schien es, als wäre auch Else erleichtert, dass sie beide dieses schon so lange schwelende Thema besprochen hatten. Daniela war dankbar für das Coaching und stolz auf sich selbst, weil sie ihr Herz in beide Hände genommen und ihren inneren Schweinehund überwunden hatte.

Nun war sie auf dem Weg zu ihrer letzten Coachingsitzung bei Frau Rosenblatt. Das Budget vom Gutschein war aufgebraucht. Zwar fragte sich Daniela, ob sie das Coaching fortsetzen und aus eigener Tasche weiter bezahlen sollte, andererseits hatte sie so viel gelernt, dass sie erst einmal schauen wollte, wie gut sie künftig allein klarkommen wür- de. Sie konnte Frau Rosenblatt ja jederzeit anrufen und das Coaching wieder aufnehmen. Frau Rosenblatt hatte gesagt, dass sie in der letz- ten Sitzung ein Auswertungsgespräch führen würde. Ob sie dann noch einmal den Zufriedenheitstest machen würden?

Beinahe etwas wehmütig nahm Daniela in den roten Sesseln Platz. Sie fühlte sich bei Frau Rosenblatt gut aufgehoben und so angenommen, wie sie war.

Wie immer fragte Frau Rosenblatt, was in der letzten Zeit geschehen war, was Daniela beschäftigte und zu welchen Punkten sie noch Fragen hatte.

»Ich frage mich gerade, wie ich mich selbst so annehmen kann, wie ich bin, weil ich den Eindruck habe, dass Sie das so gut können. Wobei ich auch den Unterschied sehe – Sie müssen ja nicht rund um die Uhr mit mir auskommen so wie ich.« Daniela lachte, obwohl es ihr ernst war.

»Das ist eine gute Frage«, sagte Frau Rosenblatt. »Daran habe ich auch lange gearbeitet. Von zu Hause kannte ich eher negative Selbstgespräche oder auch, dass jemand sich selbst klein- und schlechtmachte. Ich habe mich mit diesem Thema ausführlich beschäftigt. Viele Weisheitslehrer sagen – und so steht es auch in der Bibel: ›Liebe deinen Nächsten wie dich selbst.‹ Erst später ist mir klar geworden, wie wichtig es ist, dass ich Ja zu mir sage, mit mir selbst zufrieden bin, um auch mit anderen in Frieden – oder zufrieden – zu sein. Je zufriedener ich mit mir bin, desto leichter fällt es mir, über die Macken der anderen hinwegzusehen.«

»Das stimmt!«, warf Daniela ein. »Manchmal habe ich auch schon gemerkt, dass ich mich weniger über die anderen ärgere, wenn ich ruhig und gelassen bin. Aber hat das etwas damit zu tun, dass ich mit mir selbst zufrieden bin?«

„Oft ist es so, dass mich an anderen genau das ärgert, was mich an mir selbst stört. Je liebevoller ich mit mir selbst umgehe, desto mehr Verständnis bringe ich auch für andere auf."

»Hm … und das soll auch mir helfen?« Daniela schaute zweifelnd. »Aber ich bin ja heute nicht zum Philosophieren gekommen – auch wenn das mit Ihnen sehr interessant ist – sondern zum Auswertungsgespräch. Ich bin gespannt, ob ich noch mal den ZuFRIEDENheitstest machen muss?«

Frau Rosenblatt nickte und schob ihr ein neues Blatt mit dem Zufriedenheitstest zu. »So ist es, Frau Wagner – und das werden wir dann mit dem Ergebnis aus der ersten Sitzung vergleichen.«

Daniela ging die Punkte noch einmal in Ruhe durch. Ja, sie merkte, dass sich einiges getan hatte, schließlich war mehr als ein halbes Jahr vergangen, seit sie angefangen hatte, mit Frau Rosenblatt zu arbeiten.

Beim zweiten Punkt, der Zufriedenheit mit ihrer Figur, blieb sie hängen. In dieser Hinsicht hatte sich ja nun wirklich nichts getan, schließlich hatte sie ja auch keinen Diätkurs gemacht. Was ihr Aussehen anging, so konnte sie nicht sagen, dass sie wirklich zufriedener war. Aber sie war schon darauf angesprochen worden, dass sie jugendlicher und schwungvoller wirke. Sie nahm auch immer bei Frau Jung und Frau Rosenblatt eine positive Ausstrahlung wahr. So setzte sie beim obersten Punkt das Kreuz ein wenig weiter nach links, als sie es vom Eingangstest in Erinnerung hatte. Beim Kreuz zu ihrer Figur war sie sicher, es an dieselbe Stelle gesetzt zu haben wie beim ersten Test.

Bei der nächsten Frage, der Zufriedenheit mit ihrem Job, setzte sie ihr Kreuz recht weit nach links. Ja, sie war deutlich zufriedener geworden. Sie fühlte sich nun nicht mehr so oft ausgeliefert, sondern hatte Möglichkeiten an der Hand, um in schwierigen Situationen souverän zu reagieren. Bezüglich eines Partners hatte sich nichts getan, aber sie war mit ihrem Single-Dasein zufriedener, sie fühlte sich nicht mehr so allein, sondern insgesamt ausgeglichener in ihrem Leben. Auch an ihrem Einkommen hatte sich nichts geändert, doch da sie sich nun weniger ärgerte und ihr ihre Arbeit wieder mehr Spaß machte, war sie auch wieder mit der Bezahlung zufriedener. Früher hatte sie manchmal gedacht, dass ihr Gehalt fast ein ›Schmerzensgeld‹ war – dieses Gefühl hatte sie in der letzten Zeit nur noch sehr selten gehabt Auch ihre Wohnsituation war gleich geblieben, sie fühlte sich nach wie vor wohl in ihrer Wohnung. Und was nun ihr Umfeld anging, so war sie selbst erstaunt, dass sich in ihrem Bekanntenkreis die eine oder andere Änderung ergeben hatte. Sie hatte den Eindruck, dass einige der ›anstrengenden‹ Bekannten zugunsten angenehmerer Menschen aus ihrem Leben verschwunden waren. Als sie alle Kreuzchen gesetzt hatte, schaute sie Frau Rosenblatt erwartungsvoll an. Diese reichte ihr das Blatt, das sie zu Beginn ihres Coachings ausgefüllt hatte. Daniela war überrascht. Das hätte sie nicht gedacht. Obwohl sich in einigen Punkten nichts getan hatte, befanden sich ihre Kreuze bei allen

Punkten nun etwas weiter links, teilweise war der Abstand allerdings sehr gering. Fragend schaute sie Frau Rosenblatt an.

»Es kann schon sein, dass Sie jetzt Ihre Situation anders empfinden als vorher. Wenn wir anfangen, Teile unseres Lebens positiver zu sehen, erscheinen uns oft andere Bereiche weniger negativ.«

Daniela versuchte, sich an die Zeit zu Beginn des Coachings zurückzuerinnern. Sie merkte, dass es ihr schwerfiel, das genau zu vergleichen. Die Veränderungen waren kontinuierlich eingetreten und ihr kaum bewusst geworden. Ihr war allerdings aufgefallen, dass sie weniger schimpfte, ob beim Autofahren oder auch in anderen Situationen. Sie hatte das Gefühl, jetzt vieles gelassener zu sehen.

Sie erinnerte sich auch wieder an ihre Bedenken zu Anfang. Sie hatte befürchtet, es könnte zu persönlich werden. Sie war erstaunt, dass die Vergangenheit nur eine untergeordnete Rolle gespielt hatte. Das Coaching war lösungsorientiert im Hier und Jetzt gewesen – und sie hatte viel gelernt.

Alle diese Gedanken stellte Daniela Frau Rosenblatt zur Verfügung, als diese sie danach fragte, welche Rückmeldungen sie zum Coachingprozess hatte.

Und dann war die Zeit sehr schnell um. Daniela war erstaunt, welche Gefühle sie bei sich wahrnahm. Auf der einen Seite war sie traurig, dass das Coaching vorbei war. Auf der anderen Seite empfand sie Dankbarkeit für das, was sie gelernt hatte. Sie war glücklich, dass sie inzwischen um einiges zuFRIEDENer geworden war.

Frau Rosenblatt begleitete sie zur Tür. Daniela wandte sich noch einmal um: »Eine Frage habe ich noch, die ich die ganze Zeit schon stellen wollte, aber immer wieder vergessen habe. Was bedeutet die Abkürzung ›EACS‹ auf Ihrem Schild?«

»European Association of Coaches and Supervisors. Es die Abkürzung für den Verband, in dem ich Mitglied bin. Im Bereich Coaching und auch Supervision gibt es keine geschützte Berufsbezeichnung und keine vorgeschriebene Mindestausbildung. Die Mitglieder in diesem

Verband haben alle eine längere und zertifizierte Ausbildung und verpflichten sich zu ethischen Standards.«

»Ah, vielen Dank. Das scheint ja ein internationaler Verband zu sein.«

»Ja, es gibt nationale und internationale Verbände. Und da mir auch das Thema der internationalen und interkulturellen Zusammenarbeit ein Anliegen ist, bin ich in einem internationalen Verband.«

»Das hört sich spannend an. Schade, dass ich nicht schon früher gefragt habe. Da fallen mir nämlich gleich ein paar Erlebnisse aus meiner früheren Tätigkeit in der Exportabteilung ein. Bestimmt hätten Sie da auch gute Tipps gehabt … Wenn ich mal eine Frage habe, ich weiß ja, wie ich Sie erreichen kann. Alles Gute, Frau Rosenblatt.«

»Ihnen auch, Frau Wagner, viel Erfolg wünsche ich Ihnen!«

Daniela ging zum Auto. Der Gedanke tröstete sie, dass sie sich jederzeit wieder an Frau Rosenblatt wenden konnte.

EPILOG

Das Essen war vorzüglich. Daniela war froh, dass sie Frau Jung vorher nach ihrem Lieblingslokal gefragt hatte. Bei dem schönen Wetter hatten sie einen Tisch auf der Terrasse gewählt, und die Aussicht war grandios. Kurz nach dem letzten Termin bei Frau Rosenblatt hatte Daniela ihren Vorsatz in die Tat umgesetzt und Frau Jung gesagt, dass sie sich bei ihr für den Gutschein zu ihrem Jubiläum mit einem Essen bedanken wolle. Frau Jung hatte nicht gleich eingewilligt und erklärt, dass ja die Firma die Weiterbildung bezahlt habe. Doch anders als früher hatte Daniela nicht sofort enttäuscht aufgegeben. Sie hatte nachgefragt, worin die Bedenken von Frau Jung genau bestünden, und ihren Wunsch nach einem längeren Austausch geäußert. Daraufhin war Frau Jung einverstanden gewesen. Ein wenig hatte es noch gedauert, bis sie einen gemeinsamen Termin gefunden hatten. Ein Jahr war nun seit Danielas Jubiläum vergangen, und als sie die Zeit Revue passieren ließ, stellte sie fest, dass sie heute einiges mit anderen Augen sah. Sie war glücklich und konnte dieses Essen mit Frau Jung genießen.

»Ich freue mich so, dass wir heute einmal gemeinsam in Ruhe essen können und Sie meine Einladung angenommen haben«, sagte Daniela.

»Und ich danke Ihnen herzlich für diese Einladung ...«, Frau Jung lachte, »... und ich danke Ihnen herzlich für Ihre wertvolle Arbeit.«

»Das freut mich sehr zu hören«, entgegnete Daniela und nahm ihr Herz in beide Hände. Es gab etwas, das sie ihre Chefin schon länger hatte fragen wollen. »Haben Sie den Eindruck, dass ich mich während des vergangenen Jahres verändert habe?«

»Oh ja, und wie!«, war Frau Jungs Antwort. »In meiner Wahrnehmung sind Sie viel selbstbewusster und souveräner geworden – und auch zufriedener. Und wie sehen Sie selbst das?«

»Mir fällt es schwer, das zu beurteilen. Ich erlebe mich ja jeden Tag, und da fällt mir der Vergleich schwer. Aber ich glaube, dass ich in dem

Coaching recht viel gelernt habe.«

Frau Jung nickte. »Ich bin wirklich beeindruckt, wie sehr Sie an sich gearbeitet haben.«

»Das habe ich noch gar nicht so gesehen. Ich habe die ganze Zeit gedacht, dass ich einfach nur das gemacht habe, was ich bei Frau Rosenblatt erfahren und gelernt habe.«

»Genau das ist die Kunst, liebe Daniela, die Dinge, die wir lernen, auch umzusetzen und anzuwenden. Viele hören und lesen, was sie verbessern können, und denken, dass es gute Ideen sind. Aber sie schaffen es nicht, diese auch zu realisieren. Es gehört schon Überwindung und Zielstrebigkeit dazu, das Gelernte zu verinnerlichen. Ich freue mich sehr für Sie, dass Sie sich für dieses Coaching entschieden haben, und bin froh, dass die Firma diese Weiterbildung für Sie übernommen hat.«

»Herzlichen Dank für diese Rückmeldung.« Innerlich nahm Daniela erneut Anlauf. »Frau Jung, zwei Dinge beschäftigen mich schon seit einiger Zeit. Zum einen, was ist mit dem *Daily Scrum* gemeint, und zum anderen, wie sind Sie dorthin gekommen, wo Sie heute sind? Ich hatte von Anfang an den Eindruck, dass die Kolleginnen und Kollegen zu Ihnen viel freundlicher sind als zu mir. Zum Teil führe ich das auf Ihre Position zurück, aber ich habe auch wahrgenommen, dass Sie ganz anders kommunizieren als viele andere, kann das sein?

»Nun, die erste Frage ist recht schnell geklärt, und die zweite werde ich Ihnen gerne ausführlich zwischen unserem Hauptgang und dem Nachtisch beantworten. *Daily Scrum* ist ein Begriff, der im sogenannten agilen Projektmanagement verwendet wird. *Agil* bedeutet in diesem Zusammenhang, dass es keine starren Hierarchien mehr gibt wie bei uns im Unternehmen – die Teams organisieren sich selbst untereinander.«

»… und das soll funktionieren?«, warf Daniela erstaunt ein.

»Ja, es funktioniert, aber dafür braucht es Regeln. Ich habe Teams kennengelernt, in denen es funktioniert. Allerdings kenne ich auch Unternehmen, in denen es auf den oberen Führungsebenen für Verwirrung sorgte, wenn Teams agil gearbeitet haben, sodass diese

Art der Projektteamarbeit schnell wieder abgeschafft wurde. Das ist ein anderes Thema, dem wir uns gerne noch zuwenden können. Lieber möchte ich Ihre Frage nach dem *Daily Scrum* beantworten. *Scrum* ist eine dieser agilen Methoden in Projekten. Eine Regel besagt, dass man sich zu einer festgelegten Uhrzeit, zum Beispiel jeden Tag um 9:30 Uhr, kurz trifft, um in 15 Minuten wichtige Punkte zu besprechen. Damit es leichter fällt, diese 15 Minuten einzuhalten, finden diese Treffen im Stehen statt. Jedes Teammitglied äußert sich kurz und knapp zu diesen Punkten:

· Das habe ich gestern gemacht.
· Das will ich heute machen.
· Vor diesen Herausforderungen stehe ich heute.

Was die Herausforderungen angeht, so wird während dieser kurzen Besprechung daran gearbeitet, dem jeweiligen Teammitglied die benötigte Unterstützung zu geben, die es braucht, um gut weiterarbeiten zu können. – Ich erinnere mich gerne an diese Zeit und aus diesem Grund habe ich das morgens schon einmal so gesagt, da wir uns ja auch meist kurz im Stehen austauschen, was für den Tag Wichtiges anliegt, und keine lange Sitzung daraus machen.«
»Danke für Ihre Erklärungen, Frau Jung. Wäre das nicht auch eine gute Idee für unsere Meetings? Die dauern ja oft ewig, und ich empfinde es häufig als anstrengend, jedem und jeder dabei zuzuhören, wie die ihre Tätigkeiten in allen Einzelheiten schildern.«
»Grundsätzlich schon, und ich denke, da können wir in Zukunft auch etwas ändern. Und nun guten Appetit, lassen Sie uns das Essen genießen, bevor es kalt wird.«
Während des Hauptgangs drehte sich das Gespräch um das Thema Essen und Kochen, doch kaum hatte die Bedienung die Teller abgeräumt, nahm Frau Jung die andere Frage von Daniela wieder auf.
»Ja, und was meine Kommunikation und meinen Werdegang angeht, so ist das eine längere Geschichte. Ich schaue, dass ich mich auf

das Wesentliche beschränke. Schon in meiner Jugend war ich in der Jugendarbeit engagiert. So früh wie möglich habe ich meinen Jugendgruppenleiter-Schein gemacht und in diesem Kurs auch schon viel über Kommunikation und Zusammenarbeit in Teams gelernt. Als dann das Studium anstand, wollte ich gerne etwas studieren, in dem ich betriebswirtschaftliche Kenntnisse erwerbe und zugleich auch Fächer habe, in denen es um den Umgang miteinander geht. Ich hatte das Glück, vom dualen Studium zu erfahren. Man studiert und macht parallel eine Ausbildung in einem Unternehmen. An der FH, an der ich studiert habe, hatten wir ein Fach mit Namen *Soft Skills Training*. Da habe ich noch viel zu den Themen Kommunikation, Teamarbeit, Führung und auch interkulturelle Kompetenz gelernt. Ich hatte weiterhin das Glück, dass eine meiner Dozentinnen das, was sie uns beibrachte, auch im täglichen Leben angewandt hat. So konnte ich unmittelbar den Unterschied zwischen ihrer Kommunikation und der von einigen Personen in meinem Praxisunternehmen wahrnehmen. Nachdem ich mein Studium abgeschlossen hatte, habe ich einige Zeit in einem Scrum-Team gearbeitet, wo ich viele der im Studium erlernten Soft-Skills-Techniken anwenden konnte. Diese Arbeit hat mir viel Freude gemacht. Gleichzeitig reizte es mich, noch einmal in einem Unternehmen mit den üblichen Hierarchien zu arbeiten. Meine Vision ist es, solche Unternehmen dabei zu begleiten, den agilen Ansatz zu übernehmen, weil das meiner Meinung nach die Arbeitsform der Zukunft ist.«

»Heißt das, dass Sie das auch bei uns einführen wollen?«, fragte Daniela gespannt.

»Dazu ist es aus meiner Sicht noch zu früh. Ich wollte einige dieser Gedanken in dem Unternehmen realisieren, in dem ich vor meiner jetzigen Position gearbeitet habe. Ich hatte das Glück, dass ich dort recht schnell von der Gruppenleiterin zur Abteilungsleiterin aufgestiegen bin. Gerne hätte ich dort noch mehr Agilität gesehen, doch davon wollte die damalige Firmenleitung nichts wissen. Als ich dann die Chance erhielt, hier bei der IMEXIT meine jetzige Position zu übernehmen, war das für mich schon ein Schritt in die richtige Richtung, weil es aus meiner Erfahrung immer besser ist, wenn die Firmenleitung dahintersteht.«

Daniela schaute Frau Jung erstaunt an. »Und Sie glauben, dass das in unserem traditionellen Unternehmen möglich ist?«

»Noch nicht«, räumte Frau Jung ein. »Aber ich bin froh, dass ich in meinem vorherigen Unternehmen diese Erfahrungen gemacht habe, und werde hier mit mehr Fingerspitzengefühl vorgehen. Und was das Fingerspitzengefühl angeht, so habe ich nach meinem Studium einige Kurse und Seminare besucht, um solche Änderungen möglichst friedvoll zu begleiten und so viele Menschen wie möglich zu überzeugen und mitzunehmen, anstatt so etwas einfach von oben vorzuschreiben. Gerade beim agilen Ansatz funktioniert das nicht.«

Der Nachtisch wurde serviert. Daniela hatte den Eindruck, dass Frau Jung alles zu ihrem Werdegang gesagt hatte, was sie ihr für heute dazu mitteilen wollte. Immerhin war sie ja ihre Chefin, und im Vergleich zu Danielas früheren Vorgesetzten hatte Frau Jung schon sehr viel Privates erzählt. So bat Daniela um die Rechnung, als ihre Teller abgeräumt wurden.

»Herzlichen Dank, Daniela, es war mir eine besondere Freude, mit Ihnen hier heute in Ruhe zu essen und zu reden. Etwas wollte ich aber noch ansprechen.«

Daniela sah sie erstaunt an und fragte sich, was jetzt kommen würde …

»Sie haben ja schon erfahren, dass wir kurz vor dem Start unseres neuen Projekts stehen, das die Koordination zwischen Innen- und Außendienst verbessern soll. Unser Vertriebsleiter Herr Bauer wird das Projekt leiten. Ich habe mit Erleichterung festgestellt, dass Sie seit einiger Zeit viel besser mit ihm auskommen. Ich empfinde Sie als fachlich sehr versiert und auch als sehr empathisch, Daniela. Deshalb sind Sie meine Wunschbesetzung für den Personalteil in diesem Projekt. Es betrifft unseren Bereich sehr stark, und ich möchte gerne, dass Sie die stellvertretende Projektleitung übernehmen. Was meinen Sie?«

»Äh ... ich soll ... gemeinsam mit Herrn Bauer ... das Projekt ...«, stammelte Daniela.

»Ja, so ist es. Ich wollte Sie damit nicht überfallen. Ich schlage vor, dass wir jetzt ins Büro zurückfahren und Sie sich das ganz in Ruhe durch den Kopf gehen lassen. Für mich haben Sie im vergangenen Jahr eine sehr positive Entwicklung durchgemacht. Ich traue Ihnen zu, eine ausgleichende Rolle in diesem Projektteam einzunehmen. Sie kennen Herrn Bauer ja, und mir ist wichtig, dass dieses Projekt ein Erfolg wird. Und da kann jemand wie Sie mit Ihren kommunikativen Kompetenzen schlichtend eingreifen, falls das notwendig sein sollte.«

Daniela war rot geworden: »Sie meinen ...?« Vor Freude und Erstaunen konnte sie nicht weitersprechen.

»Ja«, sagte Frau Jung, »ich habe das Gefühl, dass Sie genau die richtige Person dafür sind. Kommen Sie einfach auf mich zu, wenn Sie Fragen dazu haben. Da das Projekt im kommenden Monat starten soll, wäre es mir lieb, wenn Sie mir bitte spätestens in zehn Tagen Ihre Antwort mitteilen können. Reicht Ihnen diese Zeit, um in Ruhe darüber nachzudenken?«

»Hm, ich glaube schon. Ich denke allerdings, ich werde jede Menge Fragen haben.«

»Wunderbar, ich bin gespannt, wie Sie sich entscheiden werden.«

KONTAKT ZUR AUTORIN

Liebe Leserinnen, liebe Leser,

„Abschied heißt, was Neues kommt…denn anderswo gibt's ein Hallo" (aus dem Musical „Der kleine Tag" von Rolf Zuckowski). Mit diesem Liedtext verabschieden sich Daniela Wagner und ich mich von Ihnen. Ich freue mich, dass Sie uns begleitet haben – und vielleicht begegnen auch wir uns an einem anderen Ort? Bevor Sie gehen, lade ich Sie ein, in Kontakt zu treten. Schreiben Sie mir, welche Erfahrungen Sie im Berufsalltag machen, welche Tipps Sie besonders hilfreich fanden, worüber Sie gerne noch mehr erfahren möchten.

Für Daniela Wagner gibt es die Option, die nächsten Erfahrungen in einem Projektteam zu machen. Welche Themen sind Ihnen im nächsten Band zum Thema „Teamarbeit" wichtig? Gerne unterstütze ich Sie und alle, mit denen Sie zusammenarbeiten, durch

- Vorträge zu „Der PEACE-Faktor© – in 10 Schritten zu Frieden im Büro"
- Persönliches Einzelcoaching für Ihren Erfolg
- Teamcoaching für mehr Teamspirit

Kostenlose Downloads und meinen Blog mit vielen Tipps für Sie finden Sie auf **www.dernick.eu.** Ich freue mich auf Ihre Nachricht an **info@dernick.eu** oder Ihren Anruf unter +49 172 8737094. Gerne überlege ich mit Ihnen gemeinsam, wie Sie an ZuFRIEDENheit gewinnen. Sie möchten sich erst einmal einen Eindruck verschaffen? Für Leserinnen und Leser des PEACE-Faktors© gilt: Guter Rat ist – kostenlos! Vereinbaren Sie direkt einen Termin für ein 30-minütiges Coaching. Ich freue mich darauf, Sie kennen zu lernen,

Ihre

Annette Dernick

ZUM NACH–UND WEITERLESEN

Berkel, Karl: Konflikttraining. Konflikte verstehen, analysieren, bewältigen. 10. Aufl., Hamburg: Windmühle Verlag 2010.

Covey, Stephen: Die 7 Wege zur Effektivität: Prinzipien für persönlichen und beruflichen Erfolg. 39. Aufl., Offenbach: GABAL-Verlag 2005.

Csíkszentmihályi, Mihály: Flow. Das Geheimnis des Glücks, 13. Aufl., Stuttgart: Klett-Cotta 2007.

De Mello, Anthony: 365 Geschichten, die gut tun, Freiburg: Herder 2006.

Dernick, Annette et al.: Personalführung, Qualifizierung und Kommuni-kation, 3. Aufl., Karlsruhe: Verlag Versicherungswirtschaft 2016.

Edmüller, Andreas; Wilhelm, Thomas: Argumentieren, München: Haufe Lexware 2011.

Glasl, Friedrich: Konfliktmanagement: Ein Handbuch für Führungskräfte, Beraterinnen und Berater, 11. Aufl., Stuttgart: Haupt-Verlag Verlag freies Geistesleben 2017.

Harris, Thomas A.: Ich bin o.k. Du bist o.k., 50. Aufl., Hamburg: rororo 2001.

Hegmann, Sabine Anna: Kommunikationstraining. Reden ist Silber, Schweigen ist Mord, München: Haufe Lexware 2002.

Kenneth, Thomas W.: Teamtime, München: Hugendubel 2001

Lang, Angela et. al.: Kommunikation und Management , 2. Aufl., Karlsruhe: Verlag Versicherungswirtschaft 2003

Langmaak, Barbara: Einführung in die Themenzentrierte Aktion TZI, 3. Aufl., Weinheim: Beltz-Verlag 2004.

Nöllke, Matthias: Schlagfertigkeit, 3. Aufl., München: Haufe Lexware 2015.

Rogoll, Rüdiger: Nimm dich, wie du bist, 37. Aufl., Freiburg: Herder 2006.

Rosenberg, Marshall B.: Gewaltfreie Kommunikation: Eine Sprache des Lebens, 11. Auflage, Paderborn: Junfermann Verlag 2013

Schlegel, Leonhard: Handwörterbuch der Transaktionsanalyse, 2. Aufl., Freiburg: Herder 2002

Schulz von Thun, Friedemann: Miteinander reden 1: Störungen und Klärungen: Allgemeine Psychologie der Kommunikation, 54. Aufl., rororo, Hamburg 2013.

Schulz von Thun, Friedemann: Miteinander reden 3: Das Innere Team und situationsgerechte Kommunikation, 25. Aufl., Hamburg: rororo 2013

Sprenger, Reinhard K.: Die Entscheidung liegt bei dir, 2 Audio-CDs, Frankfurt: Campus Verlag 2004.

Von Scheurl-Defersdorf, Mechthild R.: In der Sprache liegt die Kraft. Klar reden, besser leben. 5. Aufl., München: Herder 2011

Wilhelm, Thomas; Edmüller, Andreas: Manipulationen erkennen und abwehren, München: Haufe 2005.

ABBILDUNGSVERZEICHNIS

Abbildung 1: Jede Person spricht aus ihrer eigenen Perspektive – Quelle unbekannt, es existiert ein spanischer Cartoon mit folgendem Titel: „Cada persona habla desde su propria perspectiva" (Wenn sich der Urheber findet, möge er sich bitte beim Verlag melden. Wir nennen ihn gerne.)

Abbildung 2: Sender-Empfänger-Modell eigene Darstellung nach Lang et. al, 2003, S. 6

Abbildung 3: Eisbergmodell der Kommunikation – Ursprung des Eisbergmodells nicht eindeutig geklärt, hier eine Variante in Anlehnung an eine Abbildung der Prof. Dr. Anja K. Haftmann Personal- und Organisationsentwicklung

Abbildung 4: Anteil der Kommunikationskanäle an der gesamten Kommunikation – in Anlehnung an eine Abbildung der Prof. Dr. Anja K. Haftmann Personal- und Organisationsentwicklung

Abbildung 5: Die vier Seiten einer Nachricht nach Friedemann Schulz von Thun (1981)

Abbildung 6: eigenes Beispiel zu den vier Seiten einer Nachricht (Vier Seiten einer Nachricht nach Friedemann Schulz von Thun)

Abbildung 7: Beispiel Vier Seiten einer Nachricht nach F. Schulz v. Thun S. 31ff.

Abbildung 8: Unterschied Manipulieren/Überzeugen nach Sabine Anna Hegmann: Reden ist Silber, Schweigen ist Mord, München 2002, S. 215

Abbildung 9: Das Johari-Fenster – Orginal-Buch Joseph Luft: Of Human Interaction: The Johari Model

Abbildung 10: Grundhaltungen nach Harris

Abbildung 11: Das Drama-Dreieck nach Karpman (hier gibt es verschiedenen Überstzungen des amerikanischen Originals, im Handwörterbuch Transaktionsanalyse und bei Rogoll: Verfolger, Täter, Retter)

Abbildung 12: Konflikte anhand des Eisbergmodells - in Anlehnung an eine Abbildung der Prof. Dr. Anja K. Haftmann Personal- und Organisationsentwicklung

Abbildung 13: Die Konfliktstufen nach F. Glasl Konfliktmanagement

Abbildung 14: Konfliktlösungsstile in Anlehnung an z. B. Kenneth, Thomas W.: Teamtime, Hugendubel München 2001 S. 152ff.

Abbildung 15: Phasen der kooperativen Konfliktbewältigung nach Berkel, Karl: Konflikte verstehen, analysieren, bewältigen

VERWEISE

1. (aus Vorwort) David A. Kolb: Experiential learning. Englewood Cliffs 1984.
2. Paul Watzlawick, u. a.: Menschliche Kommunikation. Formen, Störungen, Paradoxien. 10. Aufl., Bern [u. a.]: Huber 2000, S. 53.
3. Ebd.
4. Vgl. Albert Mehrabian: Nonverbal Communication, Aldine Transaction 2007.
5. Vgl. Mechthild R. von Scheurl-Defersdorf: In der Sprache liegt die Kraft. Klar reden, besser leben. 5. Aufl., München: Herder 2011
6. Friedemann Schulz von Thun: Miteinander reden 1: Störungen und Klärungen: Allgemeine Psychologie der Kommunikation, 54. Aufl., rororo, Hamburg 2013, S. 26 ff.
7. Annette Dernick et al.: Personalführung, Qualifizierung und Kommunikation, 3. Aufl., Karlsruhe: Verlag Versicherungswirtschaft 2016, S. 251.
8. Ebd., S. 252.
9. Ebd.
10. Barbara Langmaak: Einführung in die Themenzentrierte Aktion TZI, 3. Aufl., Weinheim: Beltz-Verlag 2004, S. 134 ff.
11. Ursprung und Autor des Gelassenheitsgebets sind nicht gesichert. Möglicherweise hat es der US-amerikanische Theologe Reinhold Niebuhr um den Zweiten Weltkrieg herum verfasst.
12. Vgl. Mihály Csíkszentmihályi: Flow. Das Geheimnis des Glücks, 13. Aufl., Stuttgart: Klett-Cotta 2007.
13. Andreas Edmüller, Thomas Wilhelm: Argumentieren, München: Haufe Lexware 2011, S. 34.
14. Vgl. ebd., S. 148.
15. Ebd., S. 153.
16. Reinhard K. Sprenger: Die Entscheidung liegt bei dir, 2 Audio-CDs, Frankfurt: Campus Verlag 2004.
17. Matthias Nöllke: Schlagfertigkeit, 3. Aufl., München: Haufe Lexware 2015, S. 63 f.
18. Ebd.
19. Anke Stockhausen: Schlagfertigkeit, Bodenheim: Herdt-Verlag 2010, S. 29.
20. Matthias Nöllke: Schlagfertigkeit, 3. Aufl., München: Haufe Lexware 2015, S. 99 ff.
21. Ebd.
22. Vgl. Thomas Wilhelm, Andreas Edmüller: Manipulationen erkennen und abwehren, München: Haufe 2005, und Andreas Edmüller, Thomas Wilhelm: Argumentieren, München: Haufe Lexware 2011.
23. Sabine Anna Hegmann: Kommunikationstraining. Reden ist Silber, Schweigen ist Mord, München: Haufe Lexware 2002, S. 215.
24. Vgl. Kathrin Sohst: Zart im Nehmen, Offenbach: GABAL-Verlag 2016.
25. Vgl. Stephen Covey: Die 7 Wege zur Effektivität: Prinzipien für persönlichen und beruflichen Erfolg. 39. Aufl., Offenbach: GABAL-Verlag 2005.

26. Anthony de Mello: 365 Geschichten, die gut tun, Freiburg: Herder 2006, S. 12.

27. http://kevan.org/johari.

28. Annette Dernick et al.: Personalführung, Qualifizierung und Kommunikation, 3. Aufl., Karlsruhe: Verlag Versicherungswirtschaft, S. 270.

29. Ebd. S 268.

30. Ebd.

31. Leonhard Schlegel: Handwörterbuch der Transaktionsanalyse, 2. Aufl., Herder: Freiburg 2002, S. 26f.

32. http://www.spektrum.de/lexikon/psychologie/waisenkinderversuche/16645

33. Vgl. Thomas A. Harris: Ich bin o.k. Du bist o.k., 50. Aufl., Hamburg: rororo 2001.

34. Vgl. Stephen Covey: Die 7 Wege zur Effektivität: Prinzipien für persönlichen und beruflichen Erfolg. 39. Aufl. Offenbach: GABAL-Verlag 2005.

35. Leonhard Schlegel: Handwörterbuch der Transaktionsanalyse, 2. Aufl., Herder: Freiburg 2002, S. 44 f.

36. Rüdiger Rogoll: Nimm dich, wie du bist, 37. Aufl., Freiburg: Herder 2006, S. 51 ff.

37. Vgl. Friedemann Schulz von Thun: Miteinander reden 3: Das »Innere Team« und situationsgerechte Kommunikation, 25. Aufl., Hamburg: rororo 2013.

38. Friedrich Glasl: Konfliktmanagement: Ein Handbuch für Führungskräfte, Beraterinnen und Berater, 11. Aufl., Stuttgart: Haupt-Verlag Verlag freies Geistesleben 2017, S. 17.

39. Vgl. ebd.

40. In Anlehnung z. B. an Thomas W. Kenneth: Teamtime, München: Hugendubel 2001, S. 152 ff.

41. Der Begriff »Harvard-Orange« leitet sich von einem Verhandlungskonzept, welches unter »Harvard-Prinzip« bzw. »Harvard-Konzept« (üblicher Fachbegriff) bekannt ist, ab. Das »Harvard-Prinzip« ist ein wichtiger Baustein bei lösungsorientierten Verhandlungen. Es erlaubt auch bei schwierigen Verhandlungen noch ein positives Ergebnis zu erzielen. Ziel des »Harvard-Prinzips« ist es, Sach- und Beziehungsebene zu trennen, Interessen auszugleichen und Entscheidungsalternativen unter Verwendung neutraler Beurteilungskriterien zu suchen, um so einen Gewinn für alle Beteiligten zu schaffen.

42. Nach Karl Berkel: Konflikttraining. Konflikte verstehen, analysieren, bewältigen. 10. Aufl., Hamburg: Windmühle Verlag 2010.

43. Ho'oponopono heißt auf Hawaiianisch so etwas wie »in Ordnung bringen«. Das Vergebungsritual ist im südpazifischen Raum weit verbreitet. Es gibt zahlreiche Bücher zu diesem Thema.

44. Marshall B. Rosenberg: Gewaltfreie Kommunikation: Eine Sprache des Lebens, Junfermann-Verlag, 11. Auflage, Paderborn 2013.

Bücher und Filme von und mit Friedrich Glasl

Rudi Ballreich, Friedrich Glasl

Konfliktmanagement und Mediation in Organisationen

Ein Lehr- und Übungsbuch mit Filmbeispielen auf DVD

€ 66,00 | ISBN 978-3-940112-16-3

Rudi Ballreich, Friedrich Glasl

Konfliktbearbeitung mit Teams und Organisationen

Ein Lehr- und Übungsfilm zur Team- und Organisationsmediation

€ 295,00 | ISBN 978-3-940112-24-8

Friedrich Glasl, Dudley Weeks

Die Kernkompetenzen für Mediation und Konfliktmanagement

Ein Praxisbuch mit Filmbeispielen auf DVD

€ 89,00 | ISBN 978-3-940112-13-2

Friedrich Glasl

Das Wolkenmädchen

Eine Geschichte von Friedrich Glasl mit Illustrationen von Beth Waters

€ 19,90 | ISBN 978-3-940112-70-5

www.concadoraverlag.de

Concadora verlag

Der PEACE-Faktor© - in 10 Schritten zu Frieden im Büro

Buchen Sie Annette Dernick für:
- Vorträge
- Workshops und
- Coachings

Kostenlose Telefonberatung
+49 172 8737094

Infos unter www.dernick.eu

Heidi Pütz
Die Expertin für Flirt-Marketing®
Auf einen Blick:
- Lernen Sie Verkaufen von einer Marketing-Powerfrau.
- Vertrieb, Selbstdarstellung, Flirten: drei Themen, nur EIN Regelwerk.
- Mit der richtigen Strategie alles verkaufen!
Heidi Pütz
Wer verticken will, muss freundlich sein
www.heidi-puetz.de

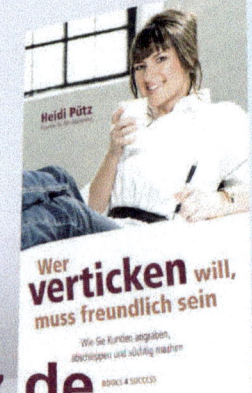

„Zusammenkunft ist ein Anfang. Zusammenhalt ist ein Fortschritt.
Zusammenarbeit ist der Erfolg."

Henry Ford

**GEMEINSAM
TALENTE FINDEN
UND ENTWICKELN**

WWW.EUFH.DE

EUROPÄISCHE
FACHHOCHSCHULE

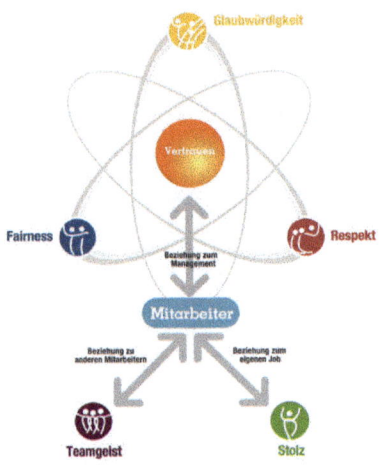

Kompetenz
Versicherungs-
wirtschaft
Erfahrung
K&E
Kompetenz &
Erfahrung
Mit über 40 Jahren Erfahrung in der Aus- und Weiterbildung bieten wir Ihnen Schulungen, Seminare und Prüfungsvorbereitungen an:
• Versicherungsfachmann / -frau (IHK)
• Kaufmann/-frau für Versicherungen und Finanzen
• Geprüfter Fachwirt für Versicherungen und Finanzen
• Duale Studiengänge in der Versicherungswirtschaft
K&E Bildungs GmbH – Hubert Holthausen
Hüttenstraße 47 – 50170 Kerpen
E-Mail: kontakt@holthausen.info

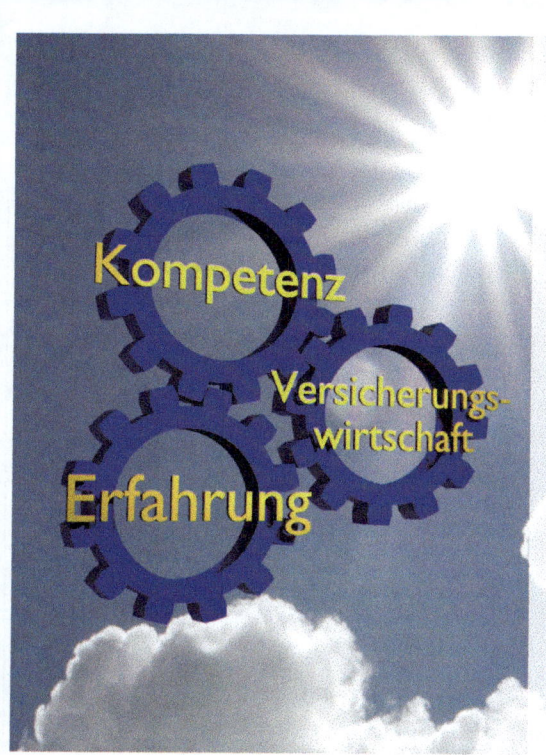

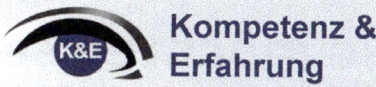

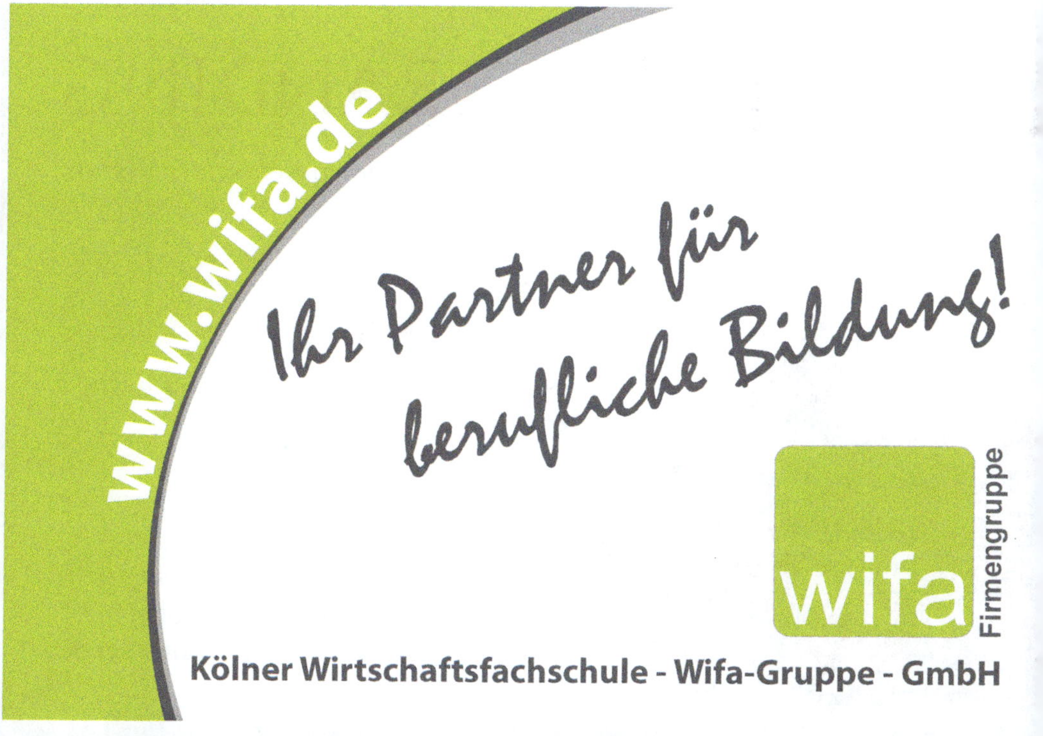
www.wifa.de
Ihr Partner für berufliche Bildung!
wifa
Firmengruppe
Kölner Wirtschaftsfachschule - Wifa-Gruppe - GmbH